宇宙是巧合吗

如何轻松理解熵、三体及更多随机性问题

DER ZUFALL,

DAS UNIVERSUM UND DU

FLORIAN AIGNER

[奥]弗洛里安·艾格纳 著

吕慧云 译

海南出版社

·海口·

Der Zufall, das Universum und du: Die Wissenschaft vom Glück
By Florian Aigner
Copyright © 2016 by Christian Brandstätter Verlag, Wien
Simplified Chinese translation copyright © 2025 by United Sky
(Beijing) New Media Co., Ltd.
All rights reserved.

著作权合同登记号 图字：30-2025-008 号

图书在版编目（CIP）数据

宇宙是巧合吗？ ：如何轻松理解熵、三体及更多随
机性问题 /（奥）弗洛里安·艾格纳著 ；吕慧云译.
海口 ：海南出版社，2025. 5. --（科学思维脱口秀）.
ISBN 978-7-5730-2384-1

Ⅰ . P159

中国国家版本馆CIP数据核字第2025NC4333号

宇宙是巧合吗？ ——如何轻松理解熵、三体及更多随机问题
YUZHOU SHI QIAOHE MA？ ——RUHE QINGSONG LIJIE
SHANG、SANTI JI GENGDUO SUIJI WENTI
［奥］弗洛里安·艾格纳 著 吕慧云 译

责任编辑：项楠 宋佳明
执行编辑：戴慧汝
封面设计：沉清 Evechan
出版发行：海南出版社
地 址：海南省海口市金盘开发区建设三横路2号
邮 编：570216
电 话：（0898）66822026
印 刷：北京联兴盛业印刷股份有限公司
版 次：2025年5月第1版
印 次：2025年5月第1次印刷
开 本：880 mm×1230 mm 1/32
印 张：6.375
字 数：135千字
书 号：ISBN 978-7-5730-2384-1
定 价：48.00元

关注未读好书

未读 CLUB
会员服务平台

目录

引言

简直不敢相信！我激动地看着手里的彩票，上面的号码与中奖号码十分接近！

虽然我还是得不到奖金，但这不是我的错。

巧合把我们控制得死死的。生活就是一场大型运气游戏。有人相信未来是可以预测的，但失败了；有人选了与自己生日相同的彩票号码，却中了大奖；有人正在花园里欣赏郁金香，丝毫没有察觉一颗小行星正在高速穿过大气层，他的花园即将冒起黑烟，被烧得一干二净。这些人做的没有对错之分，他们只是碰到了或好或坏的巧合。

从科学角度看，巧合是罕见的。没有人会质疑巧合存在的真实性，但万物都可计算的宇宙怎么能允许巧合的发生？在一个可以用科学精确解释巧合的世界，巧合意味着什么？抽奖时的彩球看似随机混合，实则遵循单一明确的规律，甚至偶然击中花园的小行星也是如此。

早在150年前，就有人把巧合当成臆测，认为巧合并不存在。现代科学为我们提供了看待问题的全新视角。混沌理论说明，微小的偶然事件会造成多么大的影响；量子物理学表明，在不同寻常的微观世界中，巧合有重要且特殊的意义。

这还远远不够，不同的科学学科都在研究巧合。巧合是进化生物学里的重要概念。但进化让我们拥有还无法好好应对巧合的大脑。富有启发性的心理学研究帮助我们理解巧合带来的困难，于是我们提出了尚未经过完备验证的理论。我们自以为发现的联系，实际上却是巧合造成的。我们为自己的成功感到骄傲，但这可能只是运气使然。

不论我们承认与否，巧合都是生活中重要的一部分。我们应该沉心静气地思考，思考巧合、宇宙和我们的关系。

第一章

我们不善于辨认巧合

发生三次的梅子布丁故事、着火的粒子加速器和婴儿谋杀案
——为什么我们很难分辨巧合？

"真是太巧了！"埃米尔·德尚（Émile Deschamps）倍感惊喜，他在巴黎一家餐厅的菜单里发现了梅子布丁。在德尚的小时候，一位陌生的德·弗吉布先生（Monsieur de Fontgibu）请他吃了一份梅子布丁。此后，德尚就再没吃过这种甜点。

他叫来服务员点餐，却得知最后一份梅子布丁已经卖给了一位客人，而这位客人恰巧是多年前的那位德·弗吉布先生。此刻德·弗吉布先生正与德尚坐在同一家餐厅里。

如此特殊的巧合自然很难被忘记。数年后，德尚与朋友聚会时又吃到了梅子布丁，于是便说起之前的事："现在就差德·弗吉布先生了。"

话音刚落，一位神情迷惘的老者推门进来，是德·弗吉布先生！

他走错了地方，误入德尚和朋友的聚会。

梅子布丁和德·弗吉布先生同时出现了三次。发生这么多次的巧合肯定不是巧合！精神分析学家卡尔·荣格认为，有些事情以某种未知的神秘方式紧密相连，并称之为"共时性"。他将梅子布丁的故事作为共时性的典型例子。世界上存在一些无法验证的神秘之事，它们的奇特之处无法仅用巧合解释。

都是泡利的错

荣格和风趣的物理学家沃尔夫冈·泡利（Wolfgang Pauli）也讨论过这个问题。物理学界通常被分为具备完全不同风格的两派——理论派和实证派。理论物理学家觉得自己棋高一着，因为实验物理学家解不开复杂的方程式；实验物理学家认为自己略胜一筹，因为理论物理学家用不好复杂的技术。两派都自认为是真正的科学家，常常互开玩笑。也有理论和实证结合的物理学家，但泡利不在其中。毋庸置疑他属于理论派。早在求学时，他就显示了过人的数学天赋，而做实验则一直不是他的强项。

据说，只要泡利在场，物理实验设备就会出现故障；只要他在实验室里走一圈，正在进行的实验就会立刻结束（失败了）。1945年，他因提出"泡利不相容原理"而获得诺贝尔物理学奖。这一原理指出，在一个原子中，不可能存在两个及以上状态完全相同的电子——成功解释了原子结构。人们在泡利不相容原理的基础上衍生出"泡利效应"，指泡利不能和正在运转的实验设备处于同一空间。这当然是在开玩笑，可泡利本人对此深信不疑。泡利效应的背后就是共时性。

为了避免泡利效应，泡利的好友、物理学家奥托·斯泰恩（Otto Stern）禁止他进入实验室。泡利访问普林斯顿大学时，大学的粒子加速器着火了。詹姆斯·弗兰克（James Franck）在哥廷根大学实验室里的一台贵重仪器发生故障时，泡利并不在场。弗兰克在给泡利的信中打趣道："这次怪不到你头上了。"泡利回复："说不定还是因为我。"因为他当天正在乘火车去哥本哈根的路上。仪器发生故障时，他恰巧在哥廷根停留，并且离实验室不远。

谁能解释这种奇怪的现象？这是巧合吗？也许事情根本没必要解释。

每个人都会讲述故事。我们听到一个好故事，就会记住并转述给别人。在讲述的过程中，我们会添加一些细节来丰富故事内容，并删去我们不喜欢的地方。我们会将自己的经历重新排序，让它变成一个更吸引人的故事，然后把它储存在记忆里。这些在我们脑海里拆分再重组的精彩故事究竟在多大程度上符合真实情况，也许我们自己都拿不准了。

梅子布丁的故事是真的吗？故事的讲述者是否为了让故事更吸引人而夸大事实？也许德尚其实经常吃梅子布丁，但他只记住了有德·弗吉布先生出现的几次。

真的是泡利导致仪器故障吗？经常出入实验室和与错误数据打交道的人都清楚，大部分实验注定是失败的。如果所有实验都很容易成功,那早就有人做到了。在得出有说服力的数据之前,研究者通常要被错误数据折磨得身心俱疲。所以,实验失败是正常现象。泡利从进行不顺利的实验旁经过,绝非小概率事件,这在研究机构里是难以避免的。如果只留意正好符合"泡利效应"的逸事趣闻,理论物理学家泡利"实验摧毁者"的神秘人设就建立起来了。

因巧合而犯罪

可惜我们极其不善于分辨巧合和正确地评估概率。虽然我们能准确感知他人是否喜欢我们,动一动鼻子就能知道午饭好不好吃,但当我们处理概率和数据、理解运气和巧合时,直觉就会失灵,我们就像耳聋的猫咪弹钢琴一样笨拙。

我们害怕大白鲨,但不害怕心血管疾病。我们目击轮盘上的小球一次又一次地停在红色区域,却仍相信它下一次一定能停在黑色区域。我们会因为巧合而生气懊恼、责怪生活,我们会给巧合强加上各种解释,尽管这只是偶然发生的事。

对巧合和可能性的错误认识有时会摧毁一个人的生活。英国的莎莉·克拉克(Sally Clark)的故事就让人唏嘘。1996年,莎莉生下了第一个儿子。几周后,孩子在睡梦中呼吸骤停。救护人员赶来时已经太迟了,孩子不幸去世。1998年悲剧重演,莎莉的第二个儿子也在出生后几周去世。这被称为"婴儿猝死综合征"。人们至今也没有为此找到确切的科学解释,只能将其定义为无法做医学诊断的婴幼儿突然死亡现象。

可人们对这种解释并不满意，认为莎莉有谋杀的嫌疑。莎莉因此被捕。庭审时，一位儿科医生出庭做证。他认为莎莉的故事不可信，并论述道，婴儿猝死综合征的发病率约为1/8543[1]，两个孩子接连因此离世的概率小于73万分之一。这个概率太小了，以至于可以被当作0，即不可能，所以事件的可能性只剩下莎莉谋杀了自己的孩子。最终，莎莉被判有罪，判处终身监禁。

媒体详细报道了莎莉的案件，还邀请皇家统计协会对此做出评论。该协会的专家认为，那位儿科医生关于事件发生概率的论述看似有道理，却是错误的。

连续两次掷骰子都掷出6点的概率是多少？计算很简单：第一次掷出6点的概率是1/6，第二次也是1/6。所以两次都掷出6点的概率是1/36。因为两次掷骰子是互不影响的独立事件，所以我们可以通过将两次概率直接相乘得出答案。但在孩子突然离世的案件里，也许原本对两个孩子造成同等影响的危险因素因为遗传或环境而提高了。要想算出两个孩子接连猝死的发生概率，就一定要把隐藏的关联找出来。

此外，儿科医生论述的根本问题其实在于，即使两个孩子接连离世的概率是73万分之一，这也不等同于莎莉无罪的概率是73万分之一。统计学上把这称为"检察官谬误"[1]。

这个案件不关乎"婴儿猝死综合征"导致两个新生儿接连死亡的概率有多大，而关乎两个孩子都因此离世的概率有多大。这两个问题

---

[1]　如今被广泛接受的婴儿猝死综合征的发病率为1‰~ 2‰。——编者

的方向完全不同。一个讨论的是"孩子健康地活着"和"孩子死于婴儿猝死综合征"，另一个讨论的是"孩子被母亲谋杀"和"孩子自然死亡的"。双重谋杀和两次猝死的概率都极小，但这两种极小概率事件之一实实在在地发生了。所以我们不能计算发生两起死亡事件的绝对概率，而是要比较发生自然死亡事件和谋杀事件的相对概率。

一位朋友激动万分地拿着刚中的彩票敲响我家的门。我看着他手中挥舞的彩票会有什么反应？如果按照那位儿科医生的逻辑，因为中大奖的概率极小，我肯定会将这极小的概率视为不可能，所以我会认为朋友的彩票是假的。但是我的朋友绝不是一个心眼多的谎话精，彩票作假的可能性也很低。事实上，他手中的确握有一张彩票，所以两种可能性虽然概率都很低，但必定一真一假。显然，"因为概率小所以不可能中奖"不是一个有意义的论据。

如果要用数据论证，莎莉案件更应该从婴儿常见的死亡原因入手。在一个月至一岁大的婴儿里，婴儿猝死综合征是婴儿常见的死亡原因，谋杀反而少见。根据索尔福德大学的数学教授雷·希尔（Ray Hill）的估算，在莎莉的案件里，双重谋杀的概率远小于接连猝死的概率。在后来的上诉中，负责审查该案件的委员会指出，法庭不应该采信儿科医生的说辞。已经服刑三年的莎莉终被释放。

巧合的发生不是巧合

我们的直觉很难应对一直出现的小概率事件。我们总是怀疑巧合，更愿意找出所谓的"隐情"。但是，巧合太多了，以至于世界上每天肯定会发生一起小概率事件。世界上只发生合理之事反而概率小到可以判断为不可能发生。

只要足够多的人买彩票，总有一个人会选到正确的号码。如果失败是物理实验的常态，那么总会在某次失败时，有一名科学家在场，比如泡利。在数百万个场景里，数百万个人碰到了另外数百万个人，总会时不时发生一个听起来不可置信的故事，比如德尚和德·弗吉布先生的梅子布丁故事。这些故事的确让人惊讶，但我们不应该为身边总是发生巧合而惊讶。没有了它们，生活该多无聊。

我们生活里发生的趣事往往没有什么深刻的原因，更不是受神秘力量的驱使。它们只是巧合。我们不必过度思考偶然之事。

没有原因就是巧合吗？这听起来不太让人满意，因为根据我们的经验，只要努力就能找到原因。如果实验室里一台测量仪器冒出黑烟，这可能只是因为一名做实验的学生接错了线路。在掷骰子时，我掷出一个6点，这是由骰子的结构和我施加的作用力决定的。我要在1~100中选择一个数字，我的选择是在脑细胞的"碰撞"和脑电波的刺激（也叫作"思考"）下产生的。如果所有事情都有因可循，巧合还存在吗？

世界由质子、中子、电子，以及其他小粒子组成，它纷乱错杂，让人看不清全貌。这些物质在宇宙中一边振动一边快速穿行，它们既相互连接又相互排斥。空中没有一粒灰尘可以自行决定是向左还是向右转弯。自然法则已经将它的运动安排得一清二楚。

那么，我们是不是可以把宇宙想象成一个钟表? 就像钟表的齿轮相互咬合一样，每一个现象都完美对应一个原因，所有发生的事都是必然的。宇宙会和我们卧室里的钟表一样，按照相同的设定、不疾不缓地运行吗? 如果世界可以用科学的方法描述，巧合应该置于哪个学科框架下? 在按照精确数学法则运行的世界里，是否存在隐秘的缝隙，让巧合、偶然和意外可以像瓷砖缝隙中的杂草一样探出头来? 在自然的最深层是否有一台"巧合发生器"，使一些事脱离了自然法则的约束?

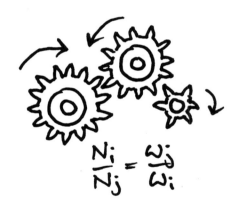

第二章

世界是个钟表

可以解释世界的数学公式、可预测的彗星和无所不知的妖怪

——当世界的进程被自然法则严格控制，巧合会在哪里出现？

猫咪有点儿无聊。住在隔壁的公猫被赶走，花园里早就没有老鼠了，就连住在它的家里、每天为它打开各种罐头的两腿铲屎官也不见了踪影。几小时后，铲屎官终于打开房门，他听见猫咪不耐烦的叫声，用一大块鸡肉款待了它。

对猫咪来说，铲屎官的晚归是个意外。今天的日程与往日的有所偏离，这是它没有预料到的。铲屎官可不这么想，晚归是早就计划好的。

判断是不是巧合的关键在于我们掌握了什么信息。有的机器可以根据程序设定，将硬币抛向空中。硬币会一边翻转特定的次数，一边在空中划出精准的弧度，然后落在桌面上，在旋转数圈后，以设定好的面朝上。第一次见到这个过程时，我以为这只是巧合，因为我不了解机器的运行规则。

宇宙 = 数学

如果仔细观察，每一个巧合都可以用精确、清楚的计算击破。在过去几个世纪里，我们利用科学对很多现象做出了明确的解释。这些现象曾被认为是纯粹的巧合或神的意志，比如电闪雷鸣。许多疾病能被找出确切的病因，甚至天气播报员也能以较高的准确率播报明天的天气。

我们的世界可以用数学公式来解释。我们对此习以为常，但这并非理所当然的事。我们欣然接受了这个宇宙中罕见的可预测性，没有过多思考。

自然如何知道它要遵循物理规则？自然能满足数学等式吗？为什么自然法则会以人类能够识别、遵循和利用的方式存在呢？

现代物理学里有四大基本力：引力、电磁力、强相互作用力和弱相互作用力。这四种力都可以用数学来解释，我们观察到的所有现象，从原子到天体，几乎都可以用四大基本力来解释。但我们也可以想象这样一个世界：数学只提供万物运行的基准，出于未知因素，一块石头落地的速度时快时慢，水面今天清澈明天就变成橘子色，冰箱里的香蕉可能会变成一只哭闹的鳄鱼宝宝。

这很有趣，但它终究不是我们生活的世界。我们对世界了解得越多，就越擅长解释生活里的现象。我们测算得越精确，测量结果就越符合数学。我们计算得越精密，结果就越接近实验预测。有时，自然遵守的规律出奇简单。这不禁让我们产生错觉：如果一个理论能做到数学上的工整美观，它就可能是有效的。这一点还体现在家庭作业上：我们绞尽脑汁，对复杂弯绕的等式求解，剔除各种无关或冗余因素，最后得出一个简单漂亮的公式，看着它就感觉解题的方向是对的。

自然是否偏爱数学之美？爱因斯坦的 $E=mc^2$ 就是一个好例子。在他之前，奥地利物理学家弗里德里希·哈森赫尔（Friedrich Hasenöhrl）就已经在思考能量和质量之间的关系，并得出公式 $E=mc^2/4$。这个公式已经很接近真相了，但爱因斯坦的质能方程更胜一筹，它更简单，并且是正确的。

然而，无论理论公式是应该简洁明了还是应该又臭又长，都不能掩盖一个事实：我们的世界可以用数学来解释！物理学家、诺贝尔奖获得者尤金·维格纳（Eugene Wigner）曾赞叹道："自然科学里，数学的普适性程度简直到了神奇的地步。这太不可思议了。数学语言能够描述物理世界简直是给人类的一件伟大的礼物，我们既不用对其缘由追根究底，也无须为之付出辛劳。所以，我们应怀感激之心，祈祷这一规律能适用未来的研究。"

宇宙学家马克思·泰格马克（Max Tegmark）对数学的实用性提出了一个较为激进的说法。他认为宇宙不仅可以用数学描述，而且宇宙就是数学。

如果数学可以完美解释我们的世界，我们在观察现象时就必须兼顾世界及其数学描述。我们的世界等于数学，就像周四等于周三之后的一天。如果是这样，我们在借助数学解释现象并一步步接近事实时，就不应该感到惊讶。我们无须思考宇宙为何诞生。宇宙就是客观存在的东西，和数字5一样。

泰格马克认为，宇宙就是一个数学结构，具有许多不可更改的特性。这些特性使带负电荷的电子相互排斥，地球绕着太阳转，我今天想吃比萨。宇宙的未来其实早就定好了，就像算式只有唯一的、明确的解。在泰格马克的宇宙里，时间没有意义，巧合也不存在。

最好的时代，最好的世界

泰格马克的理论让人头疼。别急，在他的理论中，头疼也只是真实世界中一个令人不舒服的数学特性而已。把宇宙看作纯数学结构——这个观点既富原创性，又激进前卫。但是，认为宇宙中所有事物都是预先设置好的，这并不新鲜。不少以自然科学角度观察世界的人都对此很熟悉。我们通过测量行星轨道，推测它是否会与地球相撞；通过分析液体成分，判断它会发生哪些化学反应；通过分析电路，猜测可能有个傻瓜不小心引起短路导致整个线路烧毁了。如果科学能帮我们准确地预知未来，那是否可以通过扩大科学的应用范围，来实现对所有事件的预测呢？

这个假设在启蒙运动时期特别流行，肯定不是偶然。在科学发展史上，启蒙运动时期是一个激动人心的阶段。在今天看来，这个时期之于现代科学史，就像是青少年之于一个人的一生。这个时期，人们

开始探索全新的事物，虽然有些
尝试略显荒谬，但不掩整体的激
昂与振奋，尽管当时没有人知道
究竟能做出什么。但是，这个时期的
人们造出了第一台蒸汽机，弄清了各
种关于电的现象，第一次乘坐热气球
离开安全的地表。艾萨克·牛顿提出一
系列公式，使人们明白为什么月亮能在
恒定轨道上绕地球运行，而鸽子粪就会在
空中划出一条抛物线落到我们的头
顶。这是最好的时代。

$$F = m \cdot g$$

$$F = ma = m\frac{d^2x}{dt^2}$$

哲学家、数学家戈特弗里德·威
廉·莱布尼茨认为，万事万物都有其原因，而最深层的原因则是上帝
的意志。上帝驱使万物的观点并不新鲜。但是，有宗教信仰的人大都
不喜欢这个观点，因为它本质上削弱了上帝对世界的直接作用和持续
影响。这个观点把上帝置于一个尽可能遥远的位置，视其为因果链的
起点——上帝被简化成一个可计算的机械系统的第一个齿轮。

在莱布尼茨看来，上帝在创世时别无选择，不能让巧合决定万物
的运行，他必须创造最完美的世界，否则他就不是上帝了。从这个角
度看，上帝作为全能者，却没有选择的自由，实在有点儿可怜。但这
也许间接解释了为什么世界上总是有遗憾：更好是不存在的，任何偏
离了上帝图稿的事物都会让世界变糟。如果我的一根脚趾断了，长远

看来它一定有积极的影响，不然这怎么能称得上是"最完美的世界"？逻辑上这个观点是成立的。不过，"这个世界是万里挑一最好的世界"的观点出自一位声望显赫、生活富足的中欧人，而非生活中少一些好运的人，也绝非偶然。

英国唯物主义家托马斯·霍布斯（Thomas Hobbes）对上帝持怀疑态度。他认为，即使上帝存在，人们也应唯物地看待他。上帝也是由粒子构成的，需要占据一定的空间。霍布斯的同乡，化学家罗伯特·波义耳（Robert Boyle）常说，宇宙就像一个钟表，里面有许多齿轮完美咬合在一起。一个齿轮被前一个推动，并推动下一个。而宇宙就是一个走时精准的巨型钟表，内部充满由因果事件组成的逻辑链。

拉普拉斯、上帝和无所不知的妖怪

在法国北部的一个小镇子里，九岁的皮埃尔–西蒙·拉普拉斯（Pierre–Simon Laplace）仰望夜空，看到一道亮光划过。不是他一个人：整个欧洲的天文学家都在期盼哈雷彗星的回归。本次回归预计发生在1758年。哈雷彗星划过的光亮影响了拉普拉斯的一生，让他思考上帝与世界的关系，成为一位划时代的思想家。

早在50年前，英国天文学家埃德蒙·哈雷（Edmond Halley）测算了哈雷彗星的运行周期。法国天文学家测算了木星和土星对彗星的影响，更精确地计算出它的轨道，得出彗星会迟到——这颗太阳彗星将会在1759年4月13日回归。实际情况基本无二：最终的回归日期是

1759年3月13日。仅1个月的误差在当时已经是极大的成功。拉普拉斯后来提到，与他同代的人不再把奇特的自然现象看作上帝的意志，而是将其视为自然规律带来的可预测、可分析、可理解的结果，其中的主要原因就是哈雷彗星的回归被成功预测。

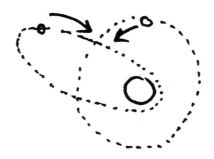

　　拉普拉斯以科学院院士的身份在巴黎开展科学研究。在法国大革命期间，他因为"政治上不可信"而被迫离开巴黎。之后，他和拿破仑建立联络，再续两人在军事学院的数学课上的师生之缘，后返回巴黎任内政部部长。但一位天才科学家天生可能不是一个伟大的政治家。拉普拉斯任职6个月后就被辞退。因为拿破仑认为他过度关注细节，把"无穷小"的精神带到了行政管理中。

　　拉普拉斯有一个描绘他所处时代科学精神的著名思想实验——拉普拉斯妖。拉普拉斯假设有一名超越人类的智者——他能毫不费力地掌握无限多的信息，在最短时间内进行极其复杂的计算；他知道宇宙中所有物体在特定时间的状态，清楚每一个原子的位置、速度，了解每一个物体之间的相互作用力。

如果宇宙像一台机器，按照因果次序运转，拉普拉斯妖就可以根据宇宙某一时刻的状态推测出所有原子、人类、天体在任意不同时刻的状态。对拉普拉斯妖来说，任一时刻都和其他时刻同等重要，因为它能从任一状态推导出所有其他状态。这意味着，宇宙的所有事件从时间伊始就是确定好的，就像钟表一样，时针经过60分钟会指向下一个数字。如果这样的妖怪真的存在，世界就是决定论的。未来已经存在，在宇宙诞生的时刻就是固定下来的，排除了任何形式的巧合。

和同时代的其他学者一样，拉普拉斯投身于天体运动研究，用数学公式描述行星是如何按照确定轨道围绕太阳旋转的，就像宇宙机器里的齿轮。他用超过20年的时间研究天体力学，在著作完成后迫不及待地向拿破仑介绍了他的成果。拿破仑细读全书后，发现没有一处提到上帝。拉普拉斯对此表示："噢，陛下，我不需要上帝这个假设。"

但如果你因为认为启蒙运动时期的科学家、哲学家都是无神论者，就太过绝对了。拉普拉斯并非把上帝剔出了他的世界观，而是想为上帝找到一个合适的位置。一旦人们把世界看作一个可靠的、准时的结构，就不会相信可以任意干涉世界运行的上帝的存在。但如果上帝是这个钟表结构的创造者、一切事物的原始计划者，一切就合理了。这和泰格马克的纯数学宇宙不同，泰格马克的宇宙是逻辑运行的结果，根本不需要创世者。

艾萨克·牛顿：宇宙机械师

启蒙运动的科学巨星既不是拉普拉斯也不是莱布尼茨，而是艾萨克·牛顿。虽然他的成就让他成为人类科学史的指路明灯，但他的古怪性格实在让人不敢恭维。如果你晚上有聚会，并且不想被主人讨厌，最好不要邀请牛顿同行。

牛顿和其他科学家的争辩充满传奇色彩。他可能会为伤透莱布尼茨的心而骄傲不已。两人曾就谁发明了微积分争吵。伦敦皇家学院为此特地成立了调解委员会。不过委员会没有询问莱布尼茨，直接发表报告宣布牛顿发明了微积分——报告的作者就是牛顿。

不只莱布尼茨，牛顿还和英国科学家、格林尼治皇家天文协会成员约翰·弗拉姆斯蒂德（Hofastronomen John Flamsteed）闹翻了。弗拉姆斯蒂德曾花多年时间撰写了一篇关于天体的位置测量的论文。在牛顿想要引用该论文中的数据时，弗拉姆斯蒂德还不想将论文发表。两人自此展开了长达数年的争论。其间，牛顿因为更出名、关系广泛，总是占据上风。在牛顿成为皇家学会的主席后，他迫使弗拉姆斯蒂德交出了数据，并且在未经其同意的情况下，将研究成果刊印了400份。即使后来弗拉姆斯蒂德设法收集、烧毁了其中300份，也于事无补。

此外，牛顿和他的同事罗伯特·胡克（Robert Hooke）常年不和。两人对光的本质看法迥异。牛顿坚信光是由微粒组成的，胡克则认为光是一种波。放在今日，两人的争论毫无意义，就像一个人说香蕉是甜的，另一个人说香蕉是黄的，只是对不同维度的正确描述。但在当时，牛顿和胡克因此成为一生的敌人。[2]

不论我们如何评判牛顿的为人，他都是一位跨时代的科学家，这一点毋庸置疑。他建立的经典力学直到20世纪都是自然科学的理论基础。古罗马时期，人们猜测地球上的物体适用的法则和天体不同。天体总是绕着特定的轨道运行，而地球上物体的运动似乎是瞬时的、呈直线的。牛顿的理论之一就是，苹果从树上落下的轨迹和地球绕太阳的运行轨道，遵循同样的规律。想象一下，我们站在一座足够高的塔上，把一颗石子平行于地面向前扔。石子会因为受到重力而下落，下落的轨迹是一条曲线。但地球是个球体，"向下"不是固定不变的方向，而是一直指向地心。石子向前的速度越快，石子飞得就越远，指向地心的方向就改变得越快。当石子的速度足够快后，它来不及落到地上，就绕了地球一圈。换句话说，当石子运动轨迹的曲率与地球的曲率一致时，石子就会环绕地球运动。环绕运动就是下落运动叠加了前进运动。事实上，我们的空间站正在持续落向地球，但它的前进速度足够快，以至于能够绕过地球不至于与之相撞。

牛顿用清楚的规律解释了天体如何运动，哪些力影响天体运动。摆锤的晃动、车轮的滚动、彗星的轨迹都因牛顿力学在数学上变得可预见。只要我们掌握初始条件，就能借助牛顿方程和积分算法，得出物体在任一时刻的确切位置和速度。牛顿的科学成就无可比拟，尽管自然科学和数学研究只占据他一生的小部分时间。晚年，牛顿更多地投身于神学、宗教和历史的研究，以及政治运动。

现在的疑问是，牛顿建立的机械力学体系是否适用所有生命领

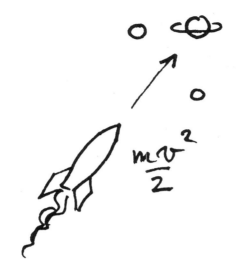

域？一个走时精确、零件良好的钟表当然完美符合牛顿力学。那么，生物也是由一套完美咬合的零件组成的吗？目前还没有可证伪此说法的科学论据。我们在描述生命时，总要提及细胞内部发生的生化活动，这些活动都可以用物理公式来描述。如果以严格的机械唯物主义[1]视角来看待世界，生物和非生物之间就没有必要划分明确的界限。高智能与低智能的生物、有意识与无意识的生物同样如此。我们就可以把思想看作人脑的属性。因为思想就是许多脑细胞相互反应后自动产生的，就像无数水分子能自发地组成一摊水。顺着这个逻辑，我们最后会认定人类的思想与行为不过与地球围绕太阳运动一样，早就在数学层面定义好了。如果在构成世界的基本方程式里都不存在物理巧合，在更

[1]　用机械力学和形而上学的观点解释世界。——编者

复杂的系统里就更不会出现偶然事件了。

在机械唯物主义中,发生巧合只是我们因为缺少信息,但它们是确定存在的。硬币在空气中翻转最后会落到地面。我们只有在完全不明白硬币的运行轨迹,无法对它进行预测的情况下,才会对哪个面朝上感到意外。在某种意义上,在硬币落地前,结果就存在了。我们可以故作高深地说:"自然早已掌握扔硬币的结果。"如果你是一位机械唯物主义者,对你来说,扔硬币的巧合和猫咪发现主人迟迟未归一样:它只是不知道主人外出的信息,因为对主人而言,他早就确定了何时归家。

机械唯物主义自近代伊始就对自然哲学产生深远影响。哪怕用今天的科学观来看,它也有一定的合理性。但是从牛顿开始,我们发现了太多牛顿及其同时代科学家都无法解释的奇异现象。他们对现代提出的混沌理论、量子随机性更无从知晓。在新理论出现后,自然科学对巧合的理解发生了巨大变化。

第三章

蝴蝶是无辜的

天气变化、蝴蝶效应和行星碰撞

——混沌理论告诉我们，世界难以预测。

天气让爱德华·N.洛伦兹（Edward N. Lorenz）抓狂。严谨地说，让他抓狂的不是那场他用计算机模拟的在马萨诸塞州下的雨，而是计算出的天气预报结果——实际数值和预测大相径庭，这中间肯定有什么不对。那时的洛伦兹还不知道，这个计算错误将成为他一生中最伟大的发现。

为什么预测天气如此困难？今天，我们可以计算出未来十亿年里太阳内部会产生哪些化学元素，还可以非常精确地预测未来几年哈雷彗星的运行轨道。但没有人知道明年5月15日维也纳是否会下雨。

天气不是什么神秘之物。这里是低压区，那里是高压区，两者中间会有大气运动，于是出现了风、云和降水——一切都机械地发生，就像设定好的钟表一样。如果拉普拉斯妖确实存在，它掌握关于世界的所有信息，并能够以闪电般的速度计算未来，那么完美预测天气当然也不在话下。

问题是，拉普拉斯妖准确地知道初始条件，但这对我们人类来说很困难。我们需要精确地掌握世界任何一个位置的温度、气压、风速及其他天气参数。如果整个地球布满了功能完善的气象测量站，天气预报就会极度准确。但这样的话，气象学家就没有存在的必要了，这实在可惜。所以我们必须妥协，而妥协的关键在于：我们需要多少气象测量站？需要达到怎样的测量精度？为了保证预测结果是可用的，我们掌握的初始条件可以允许多大程度的不确定性？

洛伦兹在1960年开发的计算机程序实际很简单。他使用12种不同的参数来描述天气，然后计算机尽职尽责地输出一串串数字。当洛伦兹打算重复计算时，计算机程序将参数0.506127舍去了后三位小数，取近似值0.506，结果令他大吃一惊：微小的误差导致最终结果与第一次计算完全不同。近似值与他打算使用的初始条件仅有微小偏差，却导致完全不同的天气预测结果。洛伦兹花了好一段时间才意识到，这不是一个错误，而是他的数学模型的一个基本属性。

通常我们会认为，相近的条件会带来相似的结果。例如，我知道一个美味的蛋糕配方，即使比配方多加一点儿巧克力，做出来的蛋糕也还是很好吃。但物理学不是这样。物理学中有不同的系统。在一些简单的系统中，微小扰动不起决定性作用。我们可以称之为"规则系统"。长远看来，规则系统的运行是可预测的。如果我们在相似的初始条件下先后两次启动一个规则系统，它就会输出两次相似的结果。简单的钟摆结构就是一个典型的规则系统：我们推动秋千，它会有规律地来回摆动；下次多给它一点儿初始动量，你会观察到几乎相同的摆动（最多在第七次尝试后，你会被不耐烦的父母赶走，该轮到他们的孩子荡秋千了。实验总会面临一定的风险）。

规则系统的另一个典型例子是行星围绕恒星运行，即所谓的"二体问题"，它是天体力学中最重要的计算问题之一。想象一下，有一颗在宇宙一隅孤独地围绕恒星转动的行星，我们要测量它的位置和速度，以便计算其未来的位置。就在我们测量结束的一瞬间，一颗陨石撞击了这颗行星，稍微改变了行星的速度。这意味着我们根据已有的测量结果进行的预测不再精确。一年后，我们将观察到的行星轨道与此前的计算结果进行比较，发现存在一定的差异。两年后，差异变为第一年的两倍；三年后，变为第一年的三倍。误差会增加，但只是线性增加。我们的预测在相当长的一段时间内仍然是合理的。

即便是在规则系统中，可靠的预测也十分少见。规则系统并不意味着常规。相反，除了钟摆和单个行星运行之外，现实中几乎很难再找到规则系统。绝大多数物理系统要复杂得多——这正是混沌[1]可能会出现的地方。在这类系统中，相似的初始条件可能会随着时间的推移，朝着截然不同的方向发展。系统越复杂，我们观察到混沌的可能性就越大。

但混沌系统也是呈阶梯式发展的。在某些情况下，该系统通常表

[1]　在确定性的非线性动态系统中出现的貌似随机的、不能预测的运动。它对初始条件有极其强烈的敏感性。——编者

现为一定程度的可预测性；长远看来，混乱程度逐渐增加。在混沌系统中，差异不是呈线性增长的，而是呈指数增长的。一开始，差异会加倍，然后变为4倍，接下来是8倍……以此类推。即使初始差异很小，以至于在很长一段时间内都不会被注意到，最终也能产生毁灭性影响。

不同的混沌系统出现不可预测性的时间尺度不同。例如，我们能够还算可靠地预测几天的天气。但要想预测一根火柴熄灭后，它的烟雾怎样在空中回环旋转，最后消散殆尽，我们连几秒内的变化都推算不出来。甚至在电路中，电子信号可以在几分之一秒的尺度上就出现混乱。

三体问题：一个错误开启伟大的发现

谈及行星运行，我们需要在非常大的时间尺度上进行思考。牛顿就已经在为所谓的"三体问题"绞尽脑汁。不论他能够多么优雅地计算出单个行星绕太阳的运动，只要加进第三个天体，问题就会变得无比复杂。尽管我们都可以轻松地指出这个系统里存在哪些作用力，但用于计算的方程根本无法只用纸和铅笔求解。我们必须借助近似算法。

鉴于这种算法费时费力，我们最好还是把它交给计算机来完成。如果牛顿看到如今的计算机能在几秒钟内计算出三体问题，并且计算精度远高于其同时代的天才数学家花费毕生心血得出的结果，他一定会欣喜若狂。

要想了解三体系统（如太阳、地球和月球）的长期行为，就必须利用计算机一步步探索并计算未来：天体处于不同位置时，产生的相互作用力不同。这股相互作用力推动天体的运动。运动轨迹决定其下一刻的位置。然而在下一刻的位置上，受力完全不同，我们就需要重新计算。不存在一个完美的、简单的公式能一步到位，揭示月球20亿年后的位置。因此，没有比让计算机通过小量的、离散的计算一步一步接近未来更好的方法了。[3]

三体问题已经非常复杂了，太阳系中由八大行星、彗星、矮行星和其他小天体组成的系统的行为更为复杂。这就引出了一个问题：太阳系能长久保持稳定吗？行星周而复始地绕太阳公转是假象吗？这些行星会在某个时刻突然脱离轨道飞向宇宙别处吗？从数学上很难回答这个问题。不少伟大的科学家都尝试为复杂的行星系统建立理论，但一直以来都没有人能做到。

1889年1月21日，瑞典国王奥斯卡二世准备庆祝生日。庆祝仪式早在数年前就开始准备了。在国王生日当天，会举办一场盛大的比赛。我们如果现在来为国王的生日办一场比赛，一定会办得热闹非凡：谁能用燃烧的小乌龟玩杂耍？谁能边喝伏特加边唱动人歌谣？这样的场面肯定好评如潮，但数周后就可能会被遗忘。奥斯卡二世反其道行之，他要举办一场科学竞赛。这场比赛在当时没有引起太大轰动，却被流传至今。

比赛题目是数学界的四个难题，世界各地的科学家都可以参赛并作答。其中之一就是行星运动问题：两个相互吸引的天体的运动轨迹是永久确定的吗？在国王生日当天，获胜者被当众宣布，是当时著名的法国数学家亨利·庞加莱（Henri Poincaré）。尽管他尚不能预测行星在永恒时间里的运动，但他的工作仍被认为具有开创性。庞加莱有一个聪明的想法，不关注行星的实际轨迹，而是考虑轨迹如何变化。这样得出的结果虽然不100%符合，但与实际轨迹十分接近。

庞加莱的证明手稿写得不太好，有很多地方的表述不太清楚，论证也不太严谨。但他可是伟大的庞加莱，所以其他人都没有在意这些问题，事实证明这并不是明智的做法。在手稿印刷的过程中，庞加莱意识到他犯了一个失误。印刷被紧急叫停，已印刷的手稿被召回并销毁。一切都要从头开始。产生的费用由庞加莱自负，他投进了比赛获得的2500瑞典克朗奖金，还额外支付了一大笔费用。不过，这起由错误引发的意外最终物有所值：庞加莱修正了证明中的错误，他得出的新的证明结果为日后的混沌理论奠定了数学基础。

一切可能都曾发生过

摆动的钟摆会不断重复已经出现的状态。向下摆动时，它会先加速，再减速向上摆动，直到速度为0，然后重复前面的过程。一次完整的摆动囊括了这个钟锤能够呈现的所有状态（假设没有空气阻力以及任何其他摩擦力）。原则上，该钟摆永远不会呈现其他的状态。然而，庞加莱认识到，某些系统，比如太阳系，会随着时间的推移呈现所有可能的状态。我们可以想象太阳系的任何状态，只要等待足够长的时间，最终就能实际观察到它（必须是在物理上有可能的状态）——至少观察到极为近似的状态。在某一时刻，火星、木星、海王星会排成一条直线；在某一时刻，小行星带里的所有小行星会排成"Jupiter ist doof"（德语：木星是个笨蛋）的形状。一个规则系统就像钟摆，会重复呈现一系列特定的状态；而在一个混沌系统中，每一种可能的状态都可能会在某个时刻出现。

这意味着，在一个混沌系统中，所有迄今为止出现过的状态都有可能再次出现，但具体时间并不像钟摆那样精确，最多只是十分接近。只要给太阳系足够长的时间，在某个时刻，所有天体就会出现在与上周五八点半几乎完全相同的位置。"随着时间的推移，在复杂系统中一切皆有可能"，是现代混沌理论的重要基本思想之一。而这一思想成果则要感谢庞加莱。

实际上，太阳系正处于混沌之中。这是不是出乎你的意料？你可能会认为，行星似乎都在有规律地绕着太阳运动。这是因为行星之间的相互干扰很小。每颗行星的运行主要由太阳的引力决定，因此我们一般可以忽略其他行星的作用，在讨论一颗行星的运行时，将其看作一个二体系统。但这个做法适用于拥有八大行星和众多其他天体的太阳系吗？

在一定时间范围内，这样做是可行的。然后，混沌会在某个时刻"冒头"。来自其他天体的干扰会使整个系统的运行变得不可预测。当两个天体的轨道周期呈现简单且反复的规律时，情况就会更棘手，我们称之为"轨道共振"[1]。例如，海王星绕太阳的轨道周期约为165个地球年，是冥王星绕太阳轨道周期的约2/3。当冥王星和海王星靠近的时候，质量更大的海王星会对冥王星的轨道产生轻微的影响。在绕太阳2圈后，体微量轻的冥王星又会受到已经完成3次公转的海王星的影响。影响不断叠加，持续变大。

靠近太阳的行星也会受到影响，其中就有我们所在的地球。最容易"受伤"的是离太阳最近的水星，它可能与木星发生轨道共振。木星的周期性引力会改变水星的轨道。水星的轨道可能会逐渐变形，被拉长为椭圆形，从而首先阻碍金星的运行，然后是地球。

法国学者雅克·拉斯卡（Jacuqes Laskar）和米克·加斯蒂内奥（Mickaäl Gastineau）利用超级计算机尽可能准确地模拟了太阳系的运行。可即使以今天的测量精度，星星位置的误差也只能控制在几米的范围。他们计算了数千个初始条件略有不同的场景。用这种方式得出的未来几十亿年行星轨道的预测结果大都相当普通。不过，有些结果带来了惊喜：火星可能会被拽出太阳系，或者水星可能会撞上太阳，抑或水星和火星都会撞上太阳，甚至水星、金星、地球和火星可能会互相碰撞。不过，更多的计算结果表明水星会撞上金星。

但是，不必担心。未来几百万年内这些情况都不会出现。我们能100%确定这些行星不会在接下来几周里突然向左转，做出一些莫名其妙的举动。不过几百万年后，太阳系里还剩哪些行星就不得而知了。

---

[1] 两个天体绕同一个中心天体的轨道周期之比接近简单整数比时的运动现象。——编者

无论哪一颗行星，无论它是向左还是向右运行几米，都有可能继续平和地做圆周运动或者引发世界末日般的碰撞。如今看来，太阳系里的行星存在了如此长的时间，纯粹是个巧合。

有人说，我们只要更精确地测量初始条件，就能更好地预测未来。但增加测量精度在混沌动力学中几乎不起任何作用。假设测量误差为10米，这意味着在一段时间后，行星位置的预测误差会扩大到10万千米。我们究竟需要在多大程度上提高初始条件的精度，才能在2倍的时间尺度上保持几乎同样的预测精度呢？初始条件的精度提高2倍可远远不够。如果误差会随时间呈指数增长，初始条件的精度至少要在微米级别（千分之一毫米）。这无异于异想天开。

因此，即便是精确度再高的仪器，也无法看清混沌。

风暴不是蝴蝶引起的

如果向计算机输入两个差异极小的初始条件，以计算太阳系两种不同的未来情景，其结果会与洛伦兹的天气预测结果极其相似：起初，两个计算结果有一部分重合，在某一个时刻开始出现偏差，二者逐渐彼此脱离，不再有任何相关性。

所以，亚马孙地区一只蝴蝶扇动翅膀，可能与三年后我们这里的一场巨大风暴有关。一切都源于蝴蝶扇动翅膀产生的微小气流。蝴蝶扇动翅膀和没有扇动翅膀，两者引起的天气变化的差异会呈指数增长，在某个节点会形成巨大的风暴和温和的天气，这样悬殊的差别。这就是著名的"蝴蝶效应"。

但蝴蝶效应时常被误解。蝴蝶翅膀的扇动影响了天气，甚至引发了一场风暴，但是蝴蝶不能被视为这场风暴的原因。在怪罪一只小小的昆虫前，请记住：蝴蝶是无辜的。

蝴蝶效应与雪崩效应不同。如果你把一块石头扔到积雪覆盖的斜坡上，石头可能会带动一些雪。于是，越来越多的雪从它经过之处滑下来。最后，一场白色的雪崩咆哮着冲进山谷，树木、房屋都无法阻挡它。在这个场景里，同样是小事产生了大影响。但雪崩有确切的原因——被扔出去的石头。它比其他躺在地上一动不动的石头更有意义。相比之下，蝴蝶没有扮演如此确切且特殊的角色。扇动翅膀可能决定了一场风暴的产生，但它不是连锁反应的第一个环节，它只是偶然与

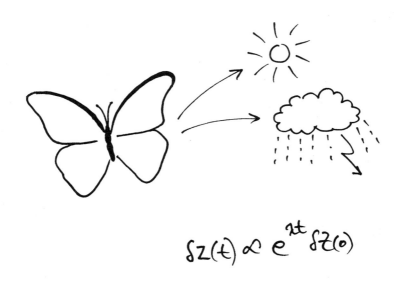

$$\delta z(t) \propto e^{\lambda t} \, \delta z(0)$$

世界上所有其他事件结合起来。而且它的存在并不影响其他的因素。因此，蝴蝶只是构成风暴初始条件的无数因素之一，是这些因素共同决定了未来。

我们可以用总统选举与它进行类比。在平票的情况下，只需一票就能决出胜负。如果我投票给其中一位候选人，于是我声称自己决定了这场选举。因为如果我投票给其他候选人，他就会输——但其他选民都可以说同样的话。最终的结果是所有人投票产生的，我在其中并没有起到什么特殊的作用。只有当其他选票是固定量，我的选票是唯一变量时，我才能自称手中的选票有决定性作用。混沌系统也是如此。蝴蝶不是风暴的原因。只有当世界上其他事物都稳定不变，蝴蝶是唯一变量时，才能说它是风暴的起因。但是，事实总是复杂得多。在投票时，我至少知道手中的选票对选举方向的大致影响。而蝴蝶扇翅膀究竟是推动还是阻止风暴形成，则完全无法追究。

一切事物相互关联

对掌握世上所有信息并可以由此预知未来的拉普拉斯妖来说，混沌理论是否让它陷入困境呢？不一定。世间万物都按照明确的规则运行的基本假设并没有因混沌理论而失效。世界仍然是一个因果系统。这就是为什么会有"确定性混沌"的说法。也许只有对整个世界的完美了解，才能让我们完美地预测未来。混沌理论的关键在于，它提出近乎完美的认知不足以实现近乎完美的预测，甚至可能产生完全无用的结果。当误差呈指数级增长时，即使初始数据近乎完美，在任何长期预测中也会变得毫无用处。

因此，拉普拉斯妖必须无比精准地工作。它必须能够高度精确地测量事物的状态并且不影响它们。当然，这是不可能的。但我们可以宽松一点儿：假设拉普拉斯妖能够以某种方式写下并保存无限精确的测量结果，这些结果由具有无限小数位的数字组成。如果可怜的拉普拉斯妖能做到这一点，那么它可以仅靠宇宙某一部分的状态做出准确的预测吗？如果它想要提前知道乐透[1]的中奖号码，仅仅分析抛球和选球的乐透机就够了吗？是否还要确切地知道机器所在的演播室？要做到什么程度，才能预测接下来三分钟内球的运动？需要整个城市的完整信息，还是整个地球的？

事实上，情况更复杂：引力和电磁力的作用范围是无限大的，并且混沌能以光速传播。以台球为例。台球桌上有很多球，它们因为撞击被弹到各个位置，产生强大的冲击力。此时，台球桌就像乐透机一样，是一台随机制造机。4台球桌周围的所有物体都会对台球施加微小的引力，足以扰乱它们的路径。站在桌子旁边的人可以对整个系统产生很大的影响，以至于在台球几次碰撞后，单颗台球的路径与没有这个人时完全不同。所以，当一位伟大的台球天才强力开球，台球经过多次混乱的碰撞后，其中的一颗最终以狂野的"之"字形的路径掉入袋中，不要相信他说这是故意为之，因为没有人能预测这一结果。

要想预测经过30或40次碰撞后更复杂的台球轨迹，那么甚至月球

---

[1] 英文lottery的音译，常见的"双色球"就是一种乐透型彩票。——编者

上的一块石头都可以对轨迹产生印象。如果台球的轨迹足够混乱，你就必须考虑在观察期内，由于光速而有机会影响台球运动的所有物体。预测乐透中奖号码也是一样。所以，如果你在抽奖前两小时下注，想要提前算出结果，就必须准确地知道方圆20亿千米范围的所有物体的状态。在这个区域内，信号可以在2小时内以光速到达我们。这个区域囊括了水星、金星、火星、小行星带、木星和土星，当然还有太阳。所以，拉普拉斯妖必须非常努力，只要它忘记了一颗彗星，所有的计算就都将是徒然。

混沌理论告诉我们一条重要的经验：一切事物都相互关联。我们习惯把世界分解为可管理、可理解的一个个子系统。有人在巴伐利亚州组装一台电动机，他不会去考虑布宜诺斯艾利斯的天气如何。当我的洗衣机开始隆隆地工作时，它不会影响到非洲的大象。我们习惯把事物当作独立现象来观察，这确实是个好方法。但它不会改变一个事实——世界本身是一个由因果构成的巨大网络，所有事物都交织在一起。正如南美洲的一只蝴蝶在美国的一场风暴中拥有"发言权"一样，每次陨石撞击火星都会让我们的生活偏离正轨。从物理学角度来看，我们的每一步、每一次呼吸、每一次眨眼都可以彻底改变人类的历史进程。

然而，这个认知没有实际用途。如果宇宙中的一切都在逻辑上相连，这并不意味着我们可以通过研究马来西亚的蝴蝶来了解木星上的气旋。在任何情况下，我们都不可能利用一些参与混沌产生的小事来影响未来的具体走向。我们所做的或不做的每一件事，都有可能对宇宙中的其他事物产生影响，但仅仅以一种纯粹随机的、不可预测的、无计划的方式产生影响。

现在，拍一拍自己的头。拍完了吗？在这个混沌的世界里，这次拍头也许意味着，20年后一个原本会遭遇可怕自行车事故的小女孩将能够及时刹车，最后她只擦伤了膝盖，并无大碍。但又过了15年，她会成为一个残酷的统治者，用暴力征服地球的大部分地区？也许我们再拍一拍头，她在未来就会顺利进入大学，成为一名为世间消除严重疾病的国际知名生物学家？

无论我们做什么，我们在每一秒做出的每一个决定，都会极大地改变未来。这其实很棒：我们的每一个小动作都会改变历史进程，我们的每一次呼吸都是决定这个世界将发生什么的无数因素之一，哪怕我们已经去世。我们身边的每一只蝴蝶都拥有与我们相同的力量。

第四章

最后的赢家是无序

破碎的咖啡杯、时间的方向和宇宙中孤独的大脑
——如果没有巧合和熵，昨天和明天就没有区别。

蒸汽从咖啡杯中缓缓升起，飘忽不定。咖啡慢慢冷却，周围的空气变得温暖。突然，你不小心碰了一下杯子，它在桌子上笨拙地转了一圈，然后掉在地板上摔得粉碎，杯里的咖啡全部洒出，渗入地毯。

你在一边咒骂一边清理地板上的污渍时，可以顺便想一些非常深刻的物理学问题：为什么情况永远不可能逆转？为什么杯子会被摔碎，一堆碎玻璃片却永远不能变成杯子？为什么你可以通过往地毯上倒热咖啡来轻松加热地毯，但一杯咖啡永远不会因为地毯变凉后产生的对流而变热？

这些问题听起来有点儿好笑，实际上意义非凡。有些事情是无法挽回的，每个不小心坐在仓鼠身上的孩子都明白这一点。这背后隐藏着物理学中最奇怪的谜题之一——时间的本质。这个问题与巧合的本质密切相关。

无论我们喜欢与否，我们都处于从过去走向未来的永恒的时间之旅中。我们可以在空间中任意移动，向左和向右对我们来说没有本质区别。[5]我们可以向任何方向移动、转身并返回原点。但我们不能走到过去，再回到现在。与空间维度相比，时间轴的本质特征在于它的不对称性。在时间里，我们被无情地推向单一的方向，任何抵抗都徒劳无用。

再由此想到拉普拉斯妖，有些问题就不言自明了。如果宇宙只是一个封闭的因果网，昨天和明天的差异就不再重要。我们可以信心十足地立足于当下预测未来，同时我们也在重建过去。这么看来，拉普拉斯妖既无须关心它在时间轴上的位置，也无须关心时间是向前走还是向后流。它可以从现在推算未来，也可以从未来推断过去，这其实是一回事。

从数学的角度来看，时间的方向对基础物理方程没有影响——无论我们是计算原子力、电磁力，还是计算重力。如果事情可以向前发生，那么根据物理定律，它也可以逆向发生。

一颗台球从左侧滚过来，碰到墙面，继续向右滚。如果时间倒流，台球从右侧滚过来，碰到墙面后继续向左滚，这在物理上是可行的。一个原子吸收了光能，它的一个电子就会比之前拥有更多的能量。如果时间倒流，我们就会看到原子中的一个电子失去能量并发光。显然，这个逆过程并不违背物理学。

时间向前和倒流的对称性已成为自然法则。但我们只会记得过去而非未来。我们只会变老而不会变年轻。我们出生、成长、衰老，最后死去，却无法反过来过一生。

为什么地板上的碎片不能自动合成一个杯子并跳回桌面？有人认为这与能量有关。毕竟，将碎片重组绝非易事，必须投入能量才能让杯子重组，并将其从地板拉回桌上。实际上，能量不是关键。杯子掉落并破裂后，能量没有损失，只是转移了。之前咖啡是热的、地毯是冷的。现在地毯的纤维与它们吸收的咖啡液拥有相同的温度。杯子高高地放在桌子上时，具有势能。杯子掉落并撞击地面后势能变小。它与地面碰撞会产生振荡，振荡具有能量。杯子碎裂，相当于原子间的连接被打破，这个过程必须释放能量。碎裂会产生声音，其中的能量会被墙壁吸收。杯子碎裂前，其能量集中分布；碎裂后，能量散布房间四处，但并未消失。

这正是重中之重：一旦事物的能量分布改变了，它就很难回到最初的有序状态。巧合会让整齐变得杂乱，让有序变得无序。正因如此，时间才只有一个方向，过去才和未来不同。物理学家路德维希·玻尔兹曼（Ludwig Boltzmann）就是认识到这一点，才成为热力学之父的。

微观与宏观之间的桥梁

路德维希·玻尔兹曼是他同时代最伟大的物理学家之一。19世纪中后期，他在维也纳大学任教并进行研究，同时思考原子的行为。当时，原子是否存在尚无定论。原子假说可以用来解释物质为何总是以特定的比例才能发生反应。但物理学还未证明物质是由更小的颗粒组成的。路德维希的同事，恩斯特·马赫（Ernst Mach）总是把未得到证明的原子看成笑话。马赫认为，在物理学界，一切要从有确凿认知的事物出发。无法观察到的极小的事物不在其中。如果有人和他谈起原子，就只能得到他的讥讽："你见过原子吗？"

尽管如此，路德维希并没有放弃自己的想法。如今看来，他对原子的想法过于简单——他将原子视为可以相互碰撞和反弹的微小球体，就像微观的橡胶球。真实的原子要复杂得多，它们具有内部结构。但这对路德维希并不重要，他的目标是利用原子来解释更宏观的事物，比如容器中气体的行为。

其实原子在我们的日常生活中大都没有实际作用。当我们分析气体容器时，我们不会最先想到有无数微小颗粒在瓶内飞来飞去，相互碰撞，我们更想知道的是可测定的量，比如温度和压力。我们可以从测量结果得知接触容器有没有烫伤的风险，或者注入更多的气体后容器会不会爆炸。这些宏观的因素看似与微观的原子没什么关系。

玻尔兹曼的伟大成就是，他成功地将这两个世界——以气瓶、炊具和炉灶为代表的宏观世界，以及以原子和分子为代表的微观世界——联系起来。如果杯子是热的，这意味着其中的粒子平均运动速度很快。如果瓶子里有压力，这意味着无数个气体粒子被困在瓶内，不停地撞击瓶壁。

压力和温度等术语要在有大量粒子运动的情况下才有意义。我们如果知道瓶子里一千万个粒子的速度，就可以计算气体的温度。但是，我们即使知道温度，也不能确定此时此刻正在瓶子中运动的某一个原子的速度。事实上，测量一个原子的温度是毫无意义的。单个粒子有速度但没有温度，就像单个脑细胞不会输出思想、单个字母不会形成故事一样。

从物理学角度看，一系列粒子经过偶然的、复杂的、奇怪的碰撞后，有可能呈现不同寻常的状态。例如，议会厅内的空气分子可以全都向上移动，聚集在天花板下方。大厅的下部的气压会降至0，可怜的议员们就会窒息而死。没有哪条自然规律否定这种情况的发生——甚至这种情况有可能随时发生，只是概率极小。

假设一个大厅里飘浮着大约10^{29}个粒子，也就是1000兆个粒子。更直观地说，在1后面有29个0——这么多的粒子。这些粒子可以以无数种难以想象的方式在大厅里排布。那么，在某一时刻，它们都聚集在议会厅天花板下方，导致坐在大厅里的国会议员无法呼吸的可能性有多大？ 10^{29}个粒子同时位于仅占大厅1/6空间的天花板下方的概率，与掷骰子时连续掷出10^{29}次6点的概率一样。你可以试一下，保证不会成功。[6]

这个概率究竟有多小，很难具象化。不过，我们可以用对比法。假设你要写一本书，每次你必须先从一堆字母卡片里随机抽取一张，然后写下抽到的字母，再将卡片放回，如此重复。你会发现这些字母很难组成有意义的文本。整本书从第一页到最后一页恰好都是正确的字母，几乎是不可能的。尽管如此，连续抽取十亿次，恰巧按照正确的顺序将伦敦大英图书馆的所有藏书的文本抽取出来的概率，仍然远远大于空气粒子恰好全部位于议会厅上方的概率。

所以，我们可以肯定地说："上述情况永远不会发生！"当空气在一个空间里分布均匀，在很大程度上，它会继续保持均匀分布的状态。我们永远不会观察到原子在空间里规整地排序，比如氮原子排列在右边，氧原子排列在左边；也永远不会观察到所有的高能粒子突然涌进浴室，低能粒子留在卧室，于是浴室温度升高，卧室温度降低。如果某种东西混合得很好，它就会保持稳定的混合状态，且不会自发分离（尽管自发分离不违背基础物理定律）。

但如果初始状态不是随机的、混乱的，而是整齐有序的呢？假设有两个相同大小的气瓶，一个里面充满气体，另一个空空如也。如果我们现在用软管连接两个瓶子，气体就会自发地从满气的瓶子里嗖嗖地流入空瓶子，直到两个瓶子所含气体大致相同。所有气体粒子都乖乖地留在原来的瓶子里，在物理学上是完全可行的。实际上，它们只是随机相互碰撞，没有外力将它们向某个方向拉扯。但是，仍有一股强大的吸力把一部分气体粒子拽到了空瓶里。每个粒子的运动都是随机的。然而总体来看，结果不是随机的。我们把手放在流动的气体中，就能准确地感知无数粒子的随机碰撞把我们的手往哪儿推。我们可以称之为"随机之力"。

这里又体现了由路德维希·玻尔兹曼结合起来的两种世界观：在微观世界里，我们分析单个粒子；宏观世界里，我们关注整个系统。描述两个世界的用语也完全不同，比如用于描述宏观世界的压力和温度，用于描述微观世界的均匀、适当和混合。

如果从微观层面观察气体，我们可以通过准确记录所有粒子的位置、速度来定义气体状态。这是气体的"微观状态"。如果粒子疯狂地、随机地运动，那么每种微观状态出现的可能性都相同。

在更大的维度上，我们可以测量瓶内气体的压力、温度等。这是气体的"宏观状态"。宏观状态和微观状态不同：既定的宏观状态容纳了许多不同的微观状态。例如，有一个粒子稍微改变其位置，气体的微观状态就会改变，但宏观状态仍保持不变，气体的测量结果不会出现明显的变化。

这就是为什么宏观状态出现的可能性各不相同。一个宏观状态可以容纳的微观状态越多，这个宏观状态就越易被观察到。这就好比射箭。有很多方法可以射中箭靶的最外环——拉开弓后向左或向右偏一点儿都没有关系，箭仍然会射中最外环。不过，正中靶心的机会并不多：任何微小的偏差，无论箭朝哪个方向偏一点儿，都会影响结果。只有少数微观状态才能呈现"正中靶心"的宏观状态。所以，我们射箭正中靶心的可能性很低。

"有序"和"无序"也是如此。在所有物理学允许的状态中，无序远比有序常见。让气体粒子均匀地、无序地分布在两个瓶子里的方法，比让它们整齐有序地排列在左边或右边瓶子里的方法多得多。如果随机创造一种状态，出现无序的几乎是板上钉钉。

因此，可能的随机状态的数量至关重要。玻尔兹曼为了测出这个数量，提出了一个新的物理概念——熵[7]。

熵让时间无法倒流

熵难以具象化，但它的关键属性非常简单：在封闭系统中，总能量始终保持不变，而熵在不断增加。这就是热力学第二定律[8]。这一定律奠定了一个基础的物理原则：时间流向决定熵的增加。过去的熵较低，未来的熵会增加。所有朝着单一时间方向运动、不会倒退的过程都与熵有关。当看到一部倒放的电影时，我们一般能很快分辨出来，因为生活经验让我们对熵的高低有一定的感知。即使从未认真思考过，我们也能快速分辨出熵的高低。[9]

将一滴鲜红的液体滴入一杯清水中，我们可以观察到颜色是如何逐渐扩散开来的：先是形成一条条漂浮晃动的条纹，最后与水形成均匀的粉红色混合物。但是，相反的情况，即大量微小的红色粒子收缩成一滴红色液体永远不会发生。其原因就是在二者混合的过程中熵增加了。[10]

我们如果看到粉红色的液体自发地分离成一滴红色的颜料和无色的水，立刻就会怀疑哪里出了问题。同样，看到一团烟被吸入火中，最终凝聚成一块木头时，我们往往会认为影像在倒放。每当不同的物体混合在一起并均匀分布时，每当整齐排列的东西又变得混乱时，每当物体的规则结构被打乱时，我们都能立即意识到：熵增加了。

但是，如果我们给一个单调地来回摆动的钟摆拍摄影片，情况就完全不同了。影像不管是正放还是倒放，几乎是一样的。因为在这个过程中，熵几乎保持不变。时间的方向在这个过程中几乎不起作用。

台球的滚动也是一样的。它们相互碰撞后又各自弹开——这个过程正着看和倒着看是一样的。不过，台球录像看多了，我们也能快速意识到时间方向是否正确：在正确的时间流向中，台球会减速最后停下。但静止的台球突然朝另一颗球滚去，看起来就会很奇怪。在台球减速时，熵的作用再次体现出来。球的动能因摩擦而减少，最终转化为热能。最初存在于一颗台球中的能量被分散到整个桌面上的许多粒子中。在这个过程中，熵不断增加。热力学第二定律再次获得胜利。

这一自然法则让人有点儿困惑。它与大多数其他自然法则不同：它只适用于平均情况，是一个统计法则。自然不一定要遵守它，但在概率上倾向于这么做：如果苹果从树上掉下来，它会被重力拉向地面，这没的商量；把两个电子放在一起，它们会相互排斥并彼此远离，无一例外。而熵的增加让情况更复杂：热力学第二定律可以被违反——在极小程度上。如果我把20个原子关在两个相互连接的气瓶中，也许它们会意外地全部进入其中一个瓶内。熵看似减小了。但在宏观世界中，熵的减少永远不会被观察到。熵减是允许的，但不可能发生。

基本物理定律也允许地板上的玻璃碎片突然向上跳起，组合成一个杯子，咖啡会从地毯纤维中渗出，优雅地回到飞起的杯子中，最后我的桌子上又出现了一杯完整的、满满的热咖啡。要做到这一点，地板上的无数原子必须以完全正确的方式，有针对性地将能量传递给碎片，使碎片向上移动。此外，所有碎片的路径必须精确地调整，使它们以100%正确的角度、位置和顺序相遇。碎片还必须及时避开空气中的干扰粒子，从而能在分子水平上重新连接。

这是不可能的。确切地说,这种可能性微乎其微,以至于不可能发生。即使宇宙存在的时间比大爆炸后的几十亿年还要长,即使我们现在开始大量生产咖啡杯,并不断地将它们砸向地面,以期在某个时刻能观察到咖啡杯自发复原的现象,希望也很难成真。

$$S_1 \ll S_2$$

$$S = k_B \ln W$$
$$dS > \frac{\delta Q}{T}$$
$$S = -\sum_i p_i \ln p_i$$

规整有序亦有可能

尽管如此,我们还是可以实现有序的规整。这并不违背熵增定律。我捡起昨晚随意散落在地板上的饼干屑,就是在减少地板上饼干屑的熵。我之所以能这样做,是因为我的身体在消耗营养。昨天吃的饼干在我的胃里被分解。与此同时,我的体温使周围环境升温,我的每一次呼吸都在向周围释放无序的波动,让空气中的微粒混合。我产生的熵如此之高，与之相比，收集饼干屑减少的熵简直微不足道。

每当我们努力创造有序时，我们同时会在其他地方造成无序。这就是为什么在分析熵平衡时，我们必须先确定这是一个封闭的系统，还是一个开放的系统，比如有饼干屑的地板。

事实上，宇宙中某些地方变得有序并不是什么稀奇事。花园里，从泥土中会长出一棵树。从肮脏的矿石中可以冶炼出纯金属，金属最后会变成形状规则的漂亮首饰。地球上的整个进化过程，从"原始汤"、最初的单细胞生物到我们人类，可以看成一个未间断的结构创造过程。在这个过程中，复杂的东西从简单的东西中诞生，有序演变自混乱和无序。这与熵增定律有什么关系呢？事实上，那些坚定的进化论反对者会在有关进化论的辩论中拿出热力学第二定律展开反驳。当不具备科学精神的人借用一个科学理论来否定另一个科学理论时，这固然有点儿新意和作用，但不一定是正确的。

地球不是一个封闭的系统。秩序产生了，是因为有能量从外界输入和输出，就像我清理地上的饼干屑一样。在我们的星球上，外界的能量主要来自太阳。如果没有太阳，遍布地球的美妙组织结构很快就会消失。生物会灭绝，建筑会坍塌成瓦砾和沙土。地球将退化为冰原与沙漠，变得杂乱无章。如此一来，地球在某个时刻就会达到熵值极高的平衡状态，不再发生太大的变化。

在这样的星球上，时间不再具有意义。每隔几千年，每当外星访客在例行飞行巡视中经过它时，他们都会看到几乎相同的景象——一个不分昼夜、没有四季、毫无生气、发展停滞、没有变化的球体。在这颗星球上，熵不再增加，也没有时间的流逝。

让我们回归现实。就如宇宙中的其他恒星，太阳终将熄灭。我们今天看到的每一种秩序、每一种结构都终将湮灭。当内部的氢燃料耗尽后，太阳就会开始膨胀，要么使地球表面融化，要么将其整个吞噬。在恒星消亡的过程中，有时会发生碰撞，从而形成越来越多的黑洞。接下来，黑洞会在难以想象的漫长的时间尺度内逐渐"蒸发"，直到只剩下辐射和一些无聊的基本粒子。在某个时刻，宇宙的熵达到峰值，自此不再会有任何事情发生。宇宙的能量均匀地分布，时间不再有方向，宇宙也不再有变化和发展。这就是所谓的"宇宙热寂"[11]。

幸运的是，我们距离这种无聊的终结状态还有很长的时间。熵在持续增加，这是个好事。也许我们常常过于消极地看待无序——我们一生都在与熵作斗争：我们通过饮食来更新体内因熵增而失去的细胞。我们清扫车库入口上的落叶、整理袜子、擦拭窗户，尽管我们知道，根据统计力学，污垢会无情地落回窗玻璃。我们正在变老，会因为皱纹和老年斑让皮肤不再光滑平整而烦恼不已。可总有一天，我们会输掉这场"熵斗"，我们会死去，要么被埋葬，被微生物分解成基本物质；要么被焚化，组成我们身体的绝大部分原子会飘出烟囱逃到空气中，散布到世界各地——没有比这还快的熵增方式了。

熵是我们的朋友。没有熵，我们就没有时间感，没有发展和生命，没有乐趣。正是熵让昨天和明天不同。只有那些"熵斗"失败的人才能摆脱熵增。任何呼吸尚存、血液仍在流淌、还能读书的人都在不断创造秩序和新的结构。能够做到这一切的人，绝对是宇宙中最强大、最令人兴奋、最复杂的生物。我们应当为此感到骄傲。

谁创造了最初的秩序？

然而，还有一个非常重要的问题尚待解答：既然熵在持续增加，那么为什么它一开始很低呢？

你如果把200个6点朝上的骰子放在一个大盒子里，然后把盒子绑在自行车上。骑上走一段路后，你会发现盒子里的熵在增加。一段时间后，盒子中可能还有相当数量的骰子6点朝上。但只要你在凹凸不平的路上颠簸足够长的时间，盒子内最终就会出现无序的平衡状态。

必须有人在一开始煞费苦心地将骰子码放好，才能使其处于惊人的低熵状态。显然，宇宙也一定在某一时刻处于熵极低的状态，否则熵不可能持续快速增长到今天。

那么，是谁创造了最初秩序？

一个可能的答案：巧合。想象有一大群粒子，它们不断相互靠近，发生碰撞后弹开。这是一个熵极高的状态，类似盒中的骰子被摇晃多次后的状态。有时，这群粒子中有5个甚至更多的粒子靠得很近，但20个粒子刚刚好组成一个漂亮环形的可能性很低。不过，在这高熵的世界中总会偶然出现一个低熵之地。只要粒子足够多，时间足够长，在某个时刻就会出现特定数量的粒子相互结合并发生反应，从而诞生出宇宙。在我们的宇宙之外，可能还存在许多粒子，它们仍在混乱无序地到处飞。我们的宇宙更像是一个低熵之地，就像盒子经过无数次摇晃后，有几个点数一样的骰子偶然聚在一起。

这听来十分牵强。在前文中，我用概率否定了所有空气粒子聚集在室内上方 1/6 处的可能性。现在我却提出，当下的宇宙恰恰是所有粒子在某个时刻正确又精确地结合的产物？

这其实没有看起来那么夸张，因为宇宙经历了相当长的时间。混沌说不定持续了无数年，才恰巧形成我们的生存世界。对于熵值处于顶峰的、无生命无时间的混沌状态来说，自大爆炸以来的几百万年简直就是惊鸿一瞥。

也许宇宙比我们已知的更广袤无垠。这样一来，这个"超级宇宙"中的一块小地方发生大爆炸的可能性立刻就提高了。在一个无穷无尽的世界里可能会发生概率极低的事情，并且发生的频率不低。这种情况并不罕见，甚至是必然。

偶然诞生于混沌的宇宙，被称作"玻尔兹曼宇宙"。有趣的是，路德维希·玻尔兹曼不是第一个就此展开思考的人。大约 2000 年前，古罗马诗人卢克莱修（Lucretius）就提出了十分相近的理论。卢克莱修认为物质是由极小的粒子组成，且粒子可以随意运动。当时，他还不知道失重的概念。他假设早期的宇宙是一个不断下落的粒子的集合。它们在不断下落的过程中产生随机的、或向左或向右的偏移，然后互相碰撞。足够多的粒子互相碰撞后，宇宙就产生了。简而言之，一切纯属巧合。

宇宙是上周四诞生的吗？

宇宙诞生于随机混杂在一起的粒子——聪明的想法。但一些哲学问题随之而来。例如，宇宙何时诞生，是在大爆炸的那一刻吗？这听起来颇有道理，但不一定如此。也许一个随机波动在十亿年前创造出了宇宙，那时只有早期的多细胞生物在海洋中遨游。宇宙也有可能是在上周四出现的，从科学角度来看，这也是一个相当合理的观点。

你一定觉得自己在上周四之前就已经存在了，这并不奇怪。上周宇宙诞生时，你的大脑中产生了某些结构，让你形成了早就存在的记忆。巧合的是，你的虚幻记忆与其他人的高度吻合。当然，还是有一些矛盾的地方，比如谁最后倒了垃圾？也许谁都没有倒，但是我们都有一个偶然产生的、与之对应的记忆。另外，我两周前在一家很棒的鸡尾酒吧喝到了上好的杜松子酒。这家酒吧叫什么名字？我想不起来的原因是不是这家酒吧根本不存在？这是不是上周四宇宙诞生后我脑海中出现的不完整的随机记忆？

"上周四假设"可以解释一些现象。你还可以找到支持它的物理论据：一个单纯的偶然事件往往会发生在一个高熵系统，而非低熵系统中。因此，宇宙诞生于大爆炸瞬间产生的巨大混乱中的概率，一定小于自发诞生于熵值积累至一定程度的系统的概率。如果我们遵循这一逻辑，宇宙很有可能就是在前一刻诞生的，之前你感受到的一切都只是幻觉。

你是不是感到震惊了？接下来的内容会让你更震惊！假设宇宙已

经存在了一段时间，而不是从某个过程中"吐"出来的，那么我要多问一个问题：为什么宇宙这么大？毕竟，大的随机波动比小的随机波动更不容易发生。如果把一盒骰子撒在地板上，我们可以比较容易地在一个小区域内发现几个点数相同的骰子。但在某个区域有成百上千个点数完全相同的骰子则罕见得多。当一堆混乱的粒子组成一个结构时，这个结构总是相当小的。

因此，如果宇宙是被偶然创造出来的，那么它的大小也应该相当容易被控制。当然，宇宙必须有一定的体积。因为如果它仅仅包含一些分子，就不能衍生出有思想的生命。如果我们是存在的，那么满足我们存在的条件也应该存在——不能短缺，但也不一定要很多。

孕育人类所需的条件并不多——一颗围绕太阳运转的行星就足够了。然而，天文学观测到宇宙中还有更多的恒星，银河系之外有更多的星系。遥远的星系甚至大得超乎我们的想象。这些现象都用偶然来解释，又显得有点儿夸张了。

作为恰巧具备思想的生命体，我们是否可以合理地假设，我们就置身于一个恰好有充分条件可以孕育有思想的实体的宇宙？这种实体的最小变体不是一个太阳加行星的系统，而是一个孤独的大脑。它在充满混乱的宇宙中"飘浮"，前一刻从某个波动中无意义地产生，下一刻便消逝于混乱中。这种可怜的物体被称作"玻尔兹曼大脑"。在一个随机诞生的宇宙中出现一个玻尔兹曼大脑的概率，比随机诞生一个宇宙的概率高多了。因此，从概率的角度来看，每一个会思考的生命都必须假设自己是一个玻尔兹曼大脑，在纯粹的偶然下获得了关于记忆

和感知的幻觉。

然而，这一理论在逻辑上是不稳定的。假设我是一个玻尔兹曼大脑，我就不得不承认，自己对世界的所有认知完全是无稽之谈。热力学理论、宇宙学、概率论都只是我大脑中的随机波动，与现实毫不相关，甚至连独立于自然法则的逻辑学我都不能依靠。因为我认为结论合乎逻辑的原因，也许只是我在这个随机大脑中构建了疯狂的无稽之谈。数学上干净利落、逻辑上无可争议的感觉也可能只是在我大脑中偶然自发产生的。

这会让我陷入一个棘手的境地：如果承认世界就如我们眼中的一样，我就会得出结论，即我很有可能是一个玻尔兹曼大脑。但如果我真的是一个玻尔兹曼大脑，我就必须能够立即反驳支持这一结论的所有论据。一个人不可能既是一个玻尔兹曼大脑，又充分相信自己是一个玻尔兹曼大脑。

因此，在这种情况下，我们可以放心地不考虑偶然性。任何冷静的人，无论他是不是物理学家，都不会相信自己是玻尔兹曼大脑，也没有人会严肃认真地认为世界是在上周四创造出来的。如果我们因为觉得宇宙的起源是随机的，而引出这么多无法解释的情况，这就强烈地表明，宇宙中存在我们尚未理解的东西。也许有一天，我们会找到一种更合理的理论，来解释我们身处的巨大宇宙的起源。那时，我们就可以完全不用考虑诸如玻尔兹曼大脑等随机事件。

如果我真的是一个玻尔兹曼大脑，即将消逝在混乱无序的宇宙热平衡中，我也不会恼火。因为以这样一个令人恼火的形象度过一生实在可惜。不如想象一些愉快的事情，比如你以人类的形象住在地球上，此时正躺在一把舒适的扶手椅里，读着一本关于巧合的书。书中刚好提到了疯狂的玻尔兹曼大脑。

第五章

量子的味道就像鸡肉

薛定谔的猫、量子自杀实验和物质的最小单位
——量子理论给科学界引入了全新的偶然性。

在地球之外的某个角落，在太阳系的边缘，一颗铀原子正在按部就班地度过它的一生。和在地球上发现的铀原子一样，它诞生于一次超新星爆发。铀原子又大又重，无法由普通的天体孕育。

铀元素源自一个神奇的宇宙现象：超新星爆发。当一颗质量远超太阳的恒星的核心燃料消耗殆尽后，恒星便无法再支撑自身的重力，会发生核心坍缩。随之产生的超强压力波会穿透恒星，致其爆发。巨大的能量会把恒星爆炸产生的气体带向宇宙各处，这个过程中产生了银、金、铀等重金属元素。

但我们的这颗铀原子——原子核里有92个质子、146个中子的铀原子，已经存在了几十亿年。它的诞生完全是一个巧合。铀-238是放射性元素，可能随时发生衰变，其半衰期是45亿年。这时，和它诞生于同一次超新星爆发的其他铀原子大都已经发生衰变。而这颗铀–238没有被宇宙射线分解，也没有和其他物质相撞，它只会自发地发生衰变，最后分裂成一个钍原子和一个氦原子核。

衰变过程随时都有可能发生，没人知道衰变的准确时间。我们可以把猫咪送去宠物医院检查，让医生判断它的寿命。我们知道，幼猫的存活概率明显大于一只患有慢性肾病的老猫。然而，铀原子不同，它们不会衰老，而是会一直维持相同的状态。一颗在太阳系边缘存在了十几亿年的铀原子和一颗刚从超新星爆发中跳出来的新鲜铀原子，没有任何不同，两者都有可能明天就发生衰变。我们即使掌握关于原子的一切知识，有能力让一个铀原子免于外界的所有干扰，也依然无法预测它的衰变时间。

但100多亿个铀原子聚在一起发生的变化是可以用数据呈现和预测的。例如，半衰期一到，一群铀原子中就正好有一半发生了衰变。但是，某一颗原子的命运只是无法预测的偶然情况罢了。这就是量子物理学的基本法则。正如混沌理论，量子物理学彻底扰乱了我们对偶然性和可预测性的科学理解。

大自然也不知道

"事件的发生都有原因。如果无法识别原因，我们就应更仔细地观察。"直到20世纪，这都是科学界不容置疑的基本准则。拉普拉斯算子的思想实验就基于此。

假设所有的物理量都有明确且固定的值，尽管我们不能确切知道。例如，我站在桥上向河里吐一颗樱桃核，它会沿弧形路线下落。我即使没有时间精确测量樱桃核的相关数据，也可以原则上认定它的属性是固定的：它的重量一定，化学成分一定，粘在上面的唾液量也一定。在特定的时刻，它一定在一个特定的位置。某时某刻，我的鼻尖与樱桃核之间的距离可以以米为单位，尽管这个数字的小数点后可能会有无数位，但它肯定是一个具体的数字，只是我不知道而已。我能得出多少位小数，取决于测量设备的精确度。但是无论如何，这个数字都肯定存在，对吧？它必须以与圆周率 π 或 $\sqrt{2}$ 一样清晰的方式存在于大自然中。这个想法似乎有道理，但它是错误的。事实证明，大自然有时就是面目不清的。

虽然这不会影响我们的日常生活，但当我们处理极小的事物时，大自然的奇妙模糊性就变得至关重要。一只蚂蚁大约是我们的千分之一，蚂蚁的千分之一是细菌。再缩小千分之一，我们就达到了分子、原子的维度。如果我们不断在更小的尺度上分析世界，将不可避免地在某个时刻进入一个完全陌生的、神奇的领域。在分子、原子等基本粒子的维度就能够遇到用日常思维难以解释的效应。路德维希·玻尔兹曼将原子想象为小球体，这其实是一个非常错误的想法。诸多实验表明，在量子物理学领域，粒子的行为虽然可以用数学精确描述，但远不同于樱桃核、足球或行星的运动。

人们常说，量子粒子的行为就像波。波没有固定的位置，可以同时出现在不同的地方。当我跳入水池后，水池里会产生一道波浪，它会迅速漫延至整个水面。它既可以同时向左和向右传播，也可延伸到水池的前后边缘。虽然在量子粒子上也可以呈现类似的现象，但用水波类比，并不能帮助我们理解量子粒子。

尝过鳄鱼肉的人说："鳄鱼肉尝起来像鸡肉。"这其实是无稽之谈。鳄鱼肉的味道不可能像鸡肉，它只能是鳄鱼肉的味道。用鸡肉类比其实是利用日常中我们熟悉的事物来理解未知的事物，但类比之物不能代替本体。量子物理学也是如此。将粒子与水波进行类比可能有助于让量子物理学更易于理解，却不能让它更明了。量子物理学非同寻常。如果你仅仅停留在用日常经验来解释它，那么日常经验让你变得混乱也在情理之中。

量子物理学既不是神话也没那么神秘。它只是一种物理理论，只是难在不能用日常生活中常见的物体、属性和类别来解释和理解。但没关系，我们要先接受一个设定：量子粒子的属性不同于我们接触的普通事物。每一个想了解量子物理学"味道"的人，都必须亲自尝一尝，并且必须明白类比绝非事实。

疯狂的量子叠加

量子物理学最重要和最惊人的特性之一是，它允许物体同时呈现不同的状态，被称为量子的"叠加态"。这在经典物理学中是不可能的。如果我把一枚硬币抛向空中，它最终会落在地上，要么正面朝上，要么反面朝上。这两种可能性都是物理定律允许的，现实中只会出现其中一种。然而，一个量子物理系统如果可以呈现两种不同的状态，就可以呈现它们的混合状态。假如你造出一枚量子硬币，那么它既可以正面朝上，也可以反面朝上，还可以既正面朝上也反面朝上。

这听起来很疯狂，但这是事实。无论你是否学习过量子物理学，都无法将其与自己的日常经验匹配，你甚至不应该这么做。你需要一点儿勇气打消这个想法。一颗原子如果可以向左转和向右转，就可以同时向相反的方向旋转。

一个铀原子可以同时处于完整和衰变的状态，一个被激光束击中的分子可以既被击碎又保持完整，一个被射向多条缝隙的电子可以同时沿着几条路径运动，并同时飞过多条缝隙。

追问"此时电子在哪里"，并没有意义。这就像问"鳄鱼的叫声有多热"或者"数字4是什么颜色"一样。四处飞行的电子没有确定的位置，它以弥散分布的方式运动。电子绕原子核的运动并不像行星绕太阳的运行。电子更像一团包裹原子核的云。可以说，电子就是一种空间属性：它同时存在于不同的地方，但其浓度并非在各处都相同。

在原子的中心，紧挨着原子核的周围，有一个电子性区域；在离原子核远一点儿的区域，其电子性就会降低。电子指的正是电子性的分布。

很好，如果这个解释你可以接受，那么我们以此类推。把原子、电子和其他基础粒子都想象成云，而不是有固定位置的樱桃核。一朵云可以有的地方浓密厚实，有的地方薄如蝉翼。但这个类比也不太有帮助，因为云也不是概括量子粒子的最合适的模型。如果我给一朵云拍照，拍完照它还是一朵云。但如果我精确地测量一个粒子，它的弥散状态就结束了，我只会得到一个精确的结果。根据量子物理学定律，只要我们不干扰粒子，它就可以同时出现在几个地方。例如，如果我们把一个电子锁在黑暗的盒子里，隔绝外界的干扰，它很快就会同时出现在盒子里的各个地方。但是，只要我们打开盒盖往里看，就不会看见遍布盒子的电子云，而是一个在单一、明确位置的电子。只有当粒子不受世界其他部分的影响时，它才能实现不同状态的叠加。任何形式的测量都会影响粒子的状态，它迫使大自然做出决定。当我们用精确的目光审视粒子，如云朵般分布的状态就会坍缩成单一的、固定的确定性。

这听起来有点儿像魔术师向观众承诺，他的魔术盒里有一只兔子，但是不能打开盒子。只要盒盖紧闭，盒子里就会发生奇妙的事情。"真的，亲爱的观众，请一定要相信我！只要不看，兔子就在里面！"

即使这位魔术师是对的，他声名大噪的机会也相当渺茫。如果对量子叠加的研究就像魔术师的故事一样戛然而止，就不会出现量子物理学了。虽然量子叠加无法影像化，但量子物理学确实提供了清晰的、可验证的预测。这正是它成为科学史上最成功、最重要的理论之一的原因。

波函数就是全部事实

假设我们不断重复同一个的量子实验。我们每次都以完全相同的方式把一个原子锁在一个密封的盒子里。从量子物理的角度来看，原子总是以相同的方式分布的，并且在同一时间处于不同的位置。一旦我们测量粒子的位置，迫使它选择一个特定的位置，我们得到的结果就不总是相同的。即使我们总是以完全相同的初始状态开始实验，测量结果也依然不可预测，是完全随机的。

然而，每种结果的可能性也不尽相同。粒子的位置取决于很多因素，如盒子的形状、粒子的能量以及相关作用力。我们可以借助"波函数"对粒子进行数学描述。它可以表明，测量前粒子在量子物理维度上的空间分布。在粒子经常存在的地方，会产生强波；在电子不经常存在的地方，波函数的波幅较小。在距离盒子很远的地方，电子肯定不存在，因此波函数为0。在量子波剧烈振荡的地方，测量到粒子的概率较高；在波函数为0的地方，肯定找不到粒子。

物理学家埃尔温·薛定谔找到了计算波函数的方法。1926年，他得出了著名的"薛定谔方程"，来解释波函数如何变化。该方程可以用来预测粒子在某个时刻出现在某个地方的概率。然而除此之外，量子物理学不能告诉我们更多的信息了。至于量子实验的最终结果如何，纯属巧合。只有通过高频地重复实验，我们才能对实验结果进行统计和分析，并与薛定谔方程的预测结果进行比较。比较结果表明，量子理论的预测与实验的测量结果高度一致！

$$H|\psi\rangle = i\hbar\frac{\partial}{\partial t}|\psi\rangle$$
$$|\psi\rangle = \frac{1}{\sqrt{2}}(|\phi_1\rangle + |\phi_2\rangle)$$

量子物理学的公式揭示了可能的测量结果及其概率，但我们无法知道这些可能性中的哪一个会在实验中出现。当然，这不仅适用于粒子位置，还适用于量子的任何其他物理特性。例如，一个原子能够顺时针和逆时针旋转，但我们只要测量其旋转方向，就会破坏它的叠加态。原子会随机"选择"一个旋转方向，呈现在测量设备上。当你检查放射性原子是否衰变时，当你测量电子的能量时，当你分析光子在哪个方向上振荡时，量子物理学的公式只能告诉我们出现某一结果的概率，但结果的产生纯粹是随机的。

我们只能预测概率却不能预测结果，这与测量是否精确或者我们对量子物理学的了解是否完备无关。这一点令许多人感到困惑，因为不确定性在日常生活中通常有完全不同的含义。例如，有人在找他的猫咪。他肯定知道猫咪要么在屋里，要么在花园里，就像我们在量子实验中知道原子肯定位于盒子里的某处一样。但是，猫的主人可能拥有更丰富的背景知识：猫咪肯定不在花园泳池里，因为它不会游泳；它喜欢躺在壁炉旁，所以大概率能在那里找到它。在寻找猫咪的过程中，主人可以根据猫咪在不同位置的概率绘制一张地图，基于这张地图可以计算出"猫咪分布函数"。有了分布函数，他就能找到猫咪的踪迹。

这听起来与盒子里的原子很相似，实际上二者根本不同。我们要先正确理解它们之间的区别：猫咪在任何时候都会待在一个特定的地方，只是我们不知道罢了。主人之所以根据概率找猫，是因为缺少相应的信息。对他来说，最终在哪里找到猫是随机的，但他如果在猫咪身上安装了定位装置，就可以预先估算出会和猫咪在哪里相遇。

而量子物理学则不同。波函数不是头脑里帮助我们认清全部真相的工具，它就是唯一的真相。在量子世界里，粒子就是它对应的波函数。没有其他方法能比波函数更好、更精确地描述粒子的物理状态。在测量之前，我们无法判断粒子是在盒子的左半边还是右半边，这不是因为我们缺乏知识，而是因为波函数已经呈现了关于粒子的所有已知信息。可以说，粒子都不知道自己究竟在哪里。在猫咪被找到之前，它已经安详地躺在沙发后面很久了，还用爪子撕坏了"两脚兽"最喜欢的一双鞋。但是，粒子在测量之前无处不在——无论用多么精确的计算方法，我们都无法确定它的位置。

薛定谔的猫

量子物理学向我们展示了大量随机性。即使你掌握所有量子物理学知识，也没有能力预测测量结果。即使你能控制两次饰演的初始条件完全相同，也仍会得出两种完全不同的结果。这是对"拉普拉斯妖"猜想的沉重打击。物理理论似乎第一次打破了因果之间的直接联系。如果在量子层面上存在着类似巧合的东西，那么即使拉普拉斯妖掌握了世界上所有信息，也无法预测未来。

混沌理论展现了不可预测性的一个基本性质：我们永远无法完美地捕捉初始状态。假设模型与现实世界之间的任何微小偏差，都会让长期预测变得毫无价值。但量子物理学在某种意义上比混沌理论更激进：我们对量子粒子的了解不可能超越波函数，我们无法仅凭波函数来对抗量子粒子的随机性。在测量过程中，随机事件会在单次量子跃迁的瞬间发生，没有任何延迟。

当量子物理学在20世纪上半叶兴起时，这一认知引发了混乱。尽管科学家们找到了许多可以用来计算微小粒子行为的公式，但如何解释这些行为，他们还不明确。爱因斯坦就是不愿意相信没有原因的绝对偶然性的人之一，他声称："上帝不会掷骰子。"而尼尔斯·玻尔则反驳道："别告诉上帝应该怎么做！"

如此看来，似乎存在两个现实世界：一个是由行星、人类、樱桃核和其他事物组成的宏观世界，在这个世界，一切都一丝不苟地遵循可预测的因果概念；另一个是微观世界，在这个世界里，随机性主宰一切，以不可预测的方式决定分子、原子和基本粒子等微小事物的行为。微观世界的随机性是否对我们的日常生活没有影响？我们能否因为自己属于"庞然大物"而忽略恼人的量子随机性呢？

当然不可以。薛定谔用一个思想实验解释了这一点，也就是著名的"薛定谔的猫"。假设有一个半衰期为一小时的放射性原子。我们把它锁在一个金属盒子里，保护它不被任何形式的外界干扰影响，这个原子就会处于"衰变"和"完整"的叠加状态。一开始，原子是完整的。我们等待的时间越长，原子发生衰变的概率就越大。随着时间的推移，我们打开盒子时发现原子已经衰变的概率就会增加。一小时后，概率正好是50%。然而，只要我们保持盒子关闭，不进行测量，原子就处于既不完整也非衰变的状态，即两者的叠加态。

读到这里，你应该还是能比较容易地接受的。现在，令人讨厌的部分来了：我们把一个特殊的辐射探测装置放进盒子里。当放射性原子发生衰变时，测量装置会将其记录下来，并触发氰化物的释放。接着，我们把一只猫咪放在氰化物旁边（小心，在这个过程中这只动物可能会惊慌失措地抓伤我们的手）。最后，迅速盖上盖子。

当原子发生衰变时，探测器就会让氰化物释放，可怜的猫咪就会被杀死。如果原子没有发生衰变，打开盒子后，我们

会看到一只活着但烦躁不已的猫咪。那么问题来了：如果我们不开盖检查，猫咪会发生什么？它是既活着又死了吗？难道不仅原子，像猫咪这样的"庞然大物"都有可能处于叠加态吗？

薛定谔认为这简直荒谬可笑。量子物理学内部似乎还存在一些矛盾，需要通过新的发现来解释。尽管量子物理学研究取得了巨大进步，人们对这门科学的理解也越来越深入，但量子的随机性始终无法被证伪。于是，大多数物理学家只能选择接受它。

什么是测量？

为了理解量子随机性，我们要先回答一个非常重要的问题：测量究竟是什么？没有测量时，世界是井然有序的，粒子只是处于不同状态的叠加中。只要稍加想象，即使是拉普拉斯妖，也能理解和接受这一切。让人费解的量子随机性只在进行测量时才会出现。此时，大自然必须从这些共存状态中选择一种作为测量结果。

我们是不是必须打开盒子，看看里面才能知道结果？这是一种方法，但还有很多其他可行的方式。你可以将光线照进盒子，判断猫咪是否还活着；可以测量盒子的热辐射，确定里面是否还有活物，或者猫咪的体温是否正在慢慢降至室温；还可以在盒子周围安装灵敏的振动测量装置，如果可怜的猫中毒而亡，装置就会立即把动静记录下来。以上都可以被视为测量。测量意味着波函数坍缩、叠加态结束，从而得出随机和明确的结果。

甚至我们是否真的进行了测量完全无关紧要。要想分辨猫咪的状态，不一定要架设测量装置。测量也不需要测量者，只需要被测量的可能性。决定性因素在于，量子系统的根本性信息是否存在，它是否已经渗入宇宙的其他部分，从而使其在理论上可以被测量。测量一个量子系统意味着让它与"庞然大物"接触：与测量装置、与作为测量者的我们活着与世界的其他部分——这些都很自然地发生在了薛定谔的猫身上。只要盒子里的东西以任何方式与环境接触，就可以视为测量，无论我们是否知道结果。因此，薛定谔思想实验中的猫咪实际上并不处于叠加态。因为它实在是太大了。在我们打开盖子之前，它的命运就已经决定了。从某种意义上说，大的系统可以实现自我测量。

正基于此，我们常常不得不费尽周折才能研究量子物理现象。我们把量子粒子放进真空室，使它们与空气粒子隔绝；我们将它们冷却，使叠加态不受热辐射或热原子振动的影响；我们尽可能亲自进行测量，而不是将这一关键步骤留给任何其他最终不会直接呈现结果的物理反应。

全世界的研究小组都在尝试验证让更大的物体以量子的形式运行。

电子和光子可以相对容易地同时沿着不同路径运动。如果把它们射向一块有两条狭缝的板子，它们就可以同时通过两条狭缝。如果可以不通过与世界其他部分的相互作用来揭示粒子的路径，那就不存在迫使粒子呈现某一最终状态的测量，两条路径都是真实存在的。更大的物体也可以这样吗？如果我们把一只猫咪用力扔向一块有两条缝的板子，会发生什么？它当然不会同时穿过两条缝，这个想法实在有些糟糕。不过目前，比电子大得多的粒子，比如中子、原子，甚至是大分子，都取得了成功。

如今，我们谈论"薛定谔的猫"，指的是那些体积相当大，却仍然能够实现量子叠加的物理系统。例如，在低温的超导环中，电流可以同时沿顺时针和逆时针两个方向流动。这种状态下的电流由数十亿个电子组成，它们全都以叠加态聚集在一起。由许多光子组成的光束可以被锁定在两面镜子之间，光束也能以量子物理的方式运动。

量子纠缠

如果量子叠加涉及处于不同位置的粒子，理解量子叠加的难度就更大了。两个粒子组成一个量子对象，尽管它们相距甚远。这时，将它们分开来考虑是没有意义的，它们在根本上是同一个物体。

例如，当原子分裂成两个部分时，就会产生这种联系。两个原子"碎片"都有角动量，即自旋。假定原子在衰变前没有角动量，衰变后的两个粒子的角动量之和就必须为0。要么一个粒子做顺时针自旋，另一个的粒子做逆时针自旋，要么反过来。

这本身没有什么特别之处。如果在一次激烈的量子物理讨论中，有人朝我扔了一只鞋，而我意识到这是一只左鞋，我就可以得出结论：他紧紧攥住的另一只是右鞋。反之亦然。但量子粒子与鞋子不同，它可以同时具备两种可能性。在这种情况下，两个粒子都没有明确的角动量，都处于顺时针自旋和逆时针自旋的叠加态。

尽管如此，但这两个粒子的自旋方向肯定是不同的。如果测量一个粒子的自旋方向，就会破坏叠加，自旋方向就会固定下来。这就意味着另一个粒子的自旋也同时被确定了。如果我们碰巧测得一个粒子的自旋方向为顺时针，就能确定另一个粒子的自旋方向为逆时针。后者是处于叠加态还是处于明确的状态，取决于对前者的测量。即使两个粒子相距数百千米也是如此。但是，后者如何知道前者已经被测量了呢？前者是否会在测量后发出信号，告诉后者从现在起它应该处于哪种明确的自旋状态？

事实上，并不存在信号发送。条件允许的话，你可以几乎同时对两者进行测量，确保即使是以光速传播的信号也无法在测量间隔的时间内从一侧传递到另一侧。然而，我们测量到的结果总是可以预测的：一个顺时针自旋，另一个逆时针自旋。两个粒子虽然处于完全不同的位置，但构成了一个量子系统——它们在相互纠缠。

因此，量子随机性可以将无法直接相互作用的物体联系在一起。它可以在任何距离上瞬间起效，没有任何时间延迟。爱因斯坦并不愿意相信这一点。毕竟，他在相对论中确立了"宇宙中任何信息的传播速度都不能超过光速"的原则。他把测量对量子纠缠的伙伴粒子的影响称为"幽灵远距效应",并认为正是因为量子理论还存在缺陷,所以才得出这种无稽之谈。但事实证明,这个实验结果并非无稽之谈。

与此同时,人们从未停止研究粒子纠缠,所有实验结果都显示:量子理论是对的,爱因斯坦的怀疑是错误的。不过,他关于信息传播速度不能超过光速的规则仍然适用,因为量子纠缠不能用来传递信息。两个量子纠缠的粒子共享的一切及其相互影响都是完全随机的,无法受控。如果我测量一个粒子并得到随机的结果,而此时我的朋友正在火星上,对其量子纠缠的伙伴粒子进行完全相同的测量,那么我们马上就能知道对方的测量结果。但我们无法交换信息。我们不能有针对性地改变粒子的属性,从而使位于遥远的火星上的粒子属性也发生变化。

量子理论不是巫术

量子物理学令人困惑,我们宛如置身于异国他乡。我们之前认为理所当然的事情在这里并不适用,但量子物理学的一切仍遵循特定的逻辑。不幸的是,总是有人试图把量子理论描绘成神秘的精神事物。他们声称,量子随机性和测量过程受人类意识的影响。我们的测量改变了观察到的系统——也许是我们潜意识里对测量结果的认知,迫使大自然确定了自己的状态?是否直到有意识、会思考的生物观察世界并认识结果,世界才被确定下来?

　　这种对物理学的神秘化，就像断言"没人注意时，月亮就不存在"一样愚蠢。量子随机性体现在量子系统与环境接触时。至于环境是一个有意识、会思考的人类，还是一个精于计算、毫无感情的机器，或者是一只半梦半醒的条纹松鼠，都没关系。人类的意识在物理学中扮演特殊角色，这一论断没有一点点可信的物理学依据。你可以轻易声称，只有携带双螺旋DNA的生命才能进行量子物理意义上的测量，或者只有被夕阳照耀的生命才能进行测量。这些说法虽然无法反驳，但也没有意义，都是胡言乱语。

　　可悲的是，由于人们极易混淆量子物理学中观察者的角色，因此量子物理常被滥用于那些难登大雅之堂的小道消息。占星师和占卜师声称，他们的能力与量子有关。奇迹治疗师进行所谓"量子治疗"，让顾客相信只要手掌接触就能祛病消灾。真正的量子物理学与这些无稽之谈相去甚远，就像奥运会撑竿跳高的金牌与被薛定谔的猫吃掉的金鱼一样风马牛不相及。

　　也许正是由于量子物理学的晦涩深奥，许多科学家认为，如今还进行量子物理学基础研究没有意义，只有"老学究"才会这样做。年轻活跃的研究者已经开始解决实际物理问题了，还在对量子物理学进行哲学解释的人脑筋都不够灵活。既然拥有量子理论这样强大的工具，就应该利用它来工作和解决问题，而不是浪费时间去思考它的基本结构。"闭嘴，计算！"——物理学家戴维·梅尔敏（David Mermin）很好地概括了这一观点。别多说了，只管计算！如果你想在科学领域取得成功，就必须计算，而不是写认识论的论文。

这种观点相当流行，在大学中尤其普遍。一方面，这很好理解。伪科学、空洞无物的文学作品泛滥，它们都是为了作者展示自我而出现的，而非为大众获取知识而服务。另一方面，"闭嘴，计算！"的实用主义态度或多或少令人感到惋惜。毕竟，时不时地退后一步，对科学成果和整个科学界进行思考，也是一件相当有趣的事情。这很有价值，只是不能被称为自然科学罢了。

多世界诠释：只是有趣的智力游戏

美国物理学家休·埃弗雷特（Hugh Everett）曾尝试用一种相当激进的方式动摇量子物理学的哲学根基。他认为量子理论中不存在随机性：只要在量子层面上做出一个决定，使量子粒子从叠加态变成一种明确状态，宇宙就会分裂出不同的变体，每一个变体都会成为一种现实。这被称为"多世界诠释"。例如，把一个放射性粒子放在一个密封良好的盒子里，我要测量它是否已经发生衰变。这个过程就会创造出两个不同的现实：一个是已经衰变的原子的现实，另一个是未衰变的原子的现实。在这两个现实中，宇宙的其他部分都是相同的。如果我和朋友对原子是否完整打赌，那么肯定会有一个宇宙里的我赢得了赌注，另一个宇宙中的我输掉了赌注。

显然，多世界诠释会导致宇宙的混乱。由于大自然在量子层面上不断做出决定，宇宙每时每刻都在分裂。根据埃弗雷特的理论，新的宇宙会像泡泡机吐出泡泡一样，源源不断涌现。

不少人不喜欢多世界诠释，因为它听起来不经济，既奇怪又繁杂。我们喜欢的理论需要是简单清晰的，它要建立在尽可能少的基本元素和规则之上。不断涌现的宇宙无穷无尽，难以控制。这是对量子理论不必要地复杂化。但是，多世界诠释也避免了一个相当棘手的问题：在量子随机性中，究竟是谁决定了哪种可能性成为现实？大自然是如何自发地决定自己的行为的？在这一点上，多世界诠释的支持者巧妙地摆脱了困境：大自然无须做决定，它总是平等地实现所有可能性。[12]因此，量子随机性根本不存在。在我们看来，测量结果之所以显得随机，是因为我们只能感知自己身处的宇宙，无法看到平行宇宙中发生了什么。在那些平行的宇宙中，其他可能性可能已经成为现实了。

根据埃弗雷特的理论，每个人都有无数个版本，存在于无数个宇宙中。因此，肯定存在一个平行宇宙，在那里你中了彩票。在其他平行宇宙里，昨天有一块瓦片砸到你的头上，或者你的鼻孔里一夜之间长出了一朵雏菊花。但这样的宇宙不会很多，虽然量子物理学允许雏菊的自发出现，但它出现的概率极低。

在绝大多数平行宇宙中，我们甚至不存在。也许我们根本就没有出生，地球也许从未进化出人类，甚至地球从未出现过……多世界诠释还能延伸，即自宇宙大爆炸伊始就并存着多重宇宙，各自适用不同的自然法则。也许光速、电子质量和重力加速度等自然常量是偶然产生的，它们在平行宇宙中的数值完全不同。当然，平行宇宙中还有许多我们的宇宙中从未出现过的有趣事物。有的平行宇宙中甚至没有原子，基础粒子们只是自顾自地不停摇摆。我们能想象到的所有其他可能性都一定存在于某处：有的平行宇宙里中子大得像足球，有的平行宇宙里巧克力长在树上——为什么不可以呢？

现在，你应该明白为什么多世界诠释只是一个有趣的智力游戏，并不能解决任何哲学问题。如果一切皆有可能，而一切可能都在某个平行宇宙中成为现实，那么我们的现实又有什么价值？毕竟，它只是无数现实中的一个。如果我在轮盘赌博中输光了所有的钱，我为什么要生气呢？毕竟某个平行宇宙中的我应该既富有又快乐，这个宇宙和我所在的宇宙一样真实。

我们的意识、体验和感受就发生在当下这个宇宙里。思考平行宇宙中的各种可能性，就像思考如果红色乘以绿色等于5，那么8加12等于多少一样毫无用处。这个问题没有任何意义，没有答案。

量子自杀

如果有人对多世界诠释深信不疑，他可以尝试进行一项灾难性实验：扮演薛定谔的猫。假设我坐在一台量子随机性机器的旁边。当测量到某个结果时——可能是原子的衰变，也可能是任何其他量子物理事件——这台机器就会杀死我。我可以打赌：如果猜错，那我就完了，我会几乎同时被机器的强力电流杀死；如果我猜对了，什么事都不会发生，我还能得到一块巧克力作为勇敢尝试的奖励。

如果你认为量子随机性能引出一个明确的决定，并且每次测量只允许两种可能性中的一种成为现实，就不应该参与这个游戏。你肯定不会为了一块巧克力愿意接受50%的死亡概率。然而，多世界诠释的支持者可能会提出截然不同的论点——两种可能性都会成为现实。在其中一种可能性中，我死了。在另一种可能性中，我活着，并得到了巧克力。

这个残酷的思想实验被称为"量子自杀"，你也可以称它为"薛定谔的轮盘赌博"。根据多世界诠释，我可以不断重复这个实验，每分钟进行一次测量，持续数小时，从而收集堆积如山的巧克力，并且（从我的主观角度来看）我永远不会死。现实只是分裂成了大量的平行现实。只要在其中一个平行宇宙中，随机实验每次都会对我产生好的结果，就够了，因为这个宇宙的现实就是我的现实。

如果我不在乎所有其他宇宙中的我都死了，如果我不会为我在这些平行宇宙中的"伙伴"感到伤心，我就可以轻轻松松地连续测量300次，最后抱着一座巧克力山满意地离场。当然，在其他人看来，这一定是个不可思议的超级巧合。但对我来说，这是理所应当的。因为在某个平行宇宙中，我肯定会成功，而且所有事物都是真实的。[13]

现在多世界诠释已经举世闻名，我却仍未听说有谁敢尝试如此疯狂的实验。这也挺好的。为了证明自己的想法而置身危险之中，不是明智之举，无论平行宇宙是否存在。

当然，你如果对神秘主义情有独钟，也可以这么想：不论我们的意愿如何，其实都已经身处"游戏"中了。在某种程度上，每个人的死亡不都是由量子随机性决定的吗？当光子击中DNA分子时，其中的化学键可能会断裂，DNA链就会断开，这是一个非常普遍的量子随机事件。有时，DNA链断开会引发癌症，从而导致死亡。[14]难道不能以某种方式将死亡都归因于巧合吗？如果多世界诠释是真的，我们是否从未真正死去？是否总有一个版本的现实能让我们幸运地活下来？

这个想法很奇妙：在无数个宇宙中，我们会死去。但在少数的平行宇宙中，我们会活下来，会有一个我们的副本坐在那儿，一边擦拭额头上的冷汗，一边说："太幸运了，这次又顺利活了下来！"

从科学角度看，这种思考游戏毫无价值，是绝对无法验证的。但只要你喜欢量子永生这个阐释，你自然可以从物理学的角度认可它。

第六章

现在怎么办，巧合或注定？

平行宇宙、自由意志和戴着礼帽的怪胎

——世事究竟是不是偶然发生的，这一问题无法解答。

我们必须通过其他问题找出答案。

世界是随机的，还只是在我们看来是随机的？仅凭科学事实我们还无法回答。但无论如何，我们已经知道，随机性深刻地存在于宇宙的基本规律之中。混沌理论告诉我们应放弃预测宇宙的遥远未来，因为即使是极小的误差也会让预测结果毫无价值。而量子物理学则向我们揭示，即使是完美无误的知识有时也不足以帮助我们了解世界的全貌。即便我们对测试对象了如指掌，也无法预测量子实验的结果。

从科学哲学角度来看，这给了拉普拉斯妖沉重的一击。不知道它对此会是一笑了之，还是蜷缩在角落里呜咽哭泣。

部分与整体

人类是宇宙的一部分。我们的思维是有限的,无法覆盖整个宇宙。所以,我们在描述现象时,不得不进行一定的简化。我们常常先限定一个范围,由此出发,并假定可以忽略范围之外的事物。这大都是有效的:修理咖啡机时,我不需要知道现任韩国总统的名字。计算太阳的温度时,我不需要知道金星的自转速度。当医生检查我的断腿时,他不会关心我邻居的牙痛。但这种简化并不总是完美的,世界有时候不能被完美地分解成独立的部分。我们所说的巧合,就起源于此。

现在,我们来深入了解量子随机性:一个量子粒子的行为易于预测。只有当我们对其开展测量时,混乱才会出现。[15] 只有当我们把它送入测量装置时,只有当它与世界其他部分发生接触时,只有当我们无法将这个粒子与所有其他粒子分开考虑时,可预测性才会消失。

我们不应对此感到惊讶。如果我们想要计算粒子的行为,就不应该期待计算结果能预测粒子、测量装置和整个物理实验室的状态。但如果我们简化计算,只考虑这个粒子,忽略其他所有事物,显然又犯了错误。如果我们没有将测量装置等因素纳入计算中,无法预测设备中粒子的行为,就不足为奇。

量子物理学的问题在于,我们永远只能看到世界的一部分。被忽视的部分往往不应被忽视——这造成了不少困难。从这个角度看,量子随机性与混沌理论中的偶然事件非常相似。在混沌理论中,精确预测也是不可能的,因为我们永远无法将整个宇宙纳入计算中。计算条件与现实的微小偏差，比如忽略木卫二上一个摇摇欲坠的冰块，就可能会让预测的计算结果完全失效。我们不可能对未来做出完美的预测，因为万事万物都相互联系。此外，我们的计算能力、时间和大脑都是有限的，不可能同时分析所有事物。

拉普拉斯妖的世界

拉普拉斯妖置身于我们的宇宙之外。如果它把整个宇宙描述成一道巨大的量子波，它会如何看待我们的世界？我们无从得知，也无从想象。

在量子物理学兴起后，能够支持拉普拉斯妖的理论只有多世界诠释。我们可以推测，拉普拉斯妖把我们的宇宙看作无数种可能性的超级复杂叠加体，是无数个平行宇宙的疯狂混合，它们被裹在一大团概率云里。这听起来难以理解，甚至荒谬可笑。毕竟，人类不是无所不知的妖怪。我们无法具体想象这个超级复杂叠加体是什么样的，但不妨碍我们像猫咪玩线团一样，乐此不疲地研究这个想法——至于会不会有重大发现就是另一回事了。

无论如何，身在宇宙之外的拉普拉斯妖对现实的看法一定不同于我们。它甚至不用担心测量过程中令人困惑的细节。测量就是宇宙的一部分，只是它计算的一部分。如果拉普拉斯妖知道宇宙大爆炸的初始状态，它就能利用这些信息计算出宇宙在其他任何时间所有的平行可能性。它的头脑里装着所有存在的平行宇宙。对它来说，所有的可能性都是既定初始条件产生出的合乎逻辑的、令人信服的结果。因此，不存在任何偶然性或随机决定的余地。

我们只能从内部观察宇宙，做出决定后只能体验一种可能性，所以量子巧合在我们看来是随机的。对置身于宇宙外部，同时思考所有可能性的拉普拉斯妖而言，宇宙的状态是不可避免的，就像准时发出嘀嗒声的完美钟表一样令人信服。某个在我们看来完全随机的实验结果，对它来说却没什么特别之处——因为它同时看到了所有可能的结果。与此同时，对于同一个地方，它看到了平行的现实。在这个现实中，我们根本没有进行实验；在那个现实中，我们把鼻子都涂成了绿色，甚至每年的八月会下巧克力饼干雨。"我现在生活的世界是随机的吗？我的未来是注定的吗？"我们拼命地问拉普拉斯妖，但它只是冲我们笑一笑，因为这个问题对它来说毫无意义。对它来说，没有单独的现实，只有同时存在的所有可能性。

当真相不可验证时，科学就成了偏好问题

我们把世界想象成一个无法控制的量子混沌系统也可以。在这个混沌系统中，无数的现实相互重叠、踩踏。你也可以走向另一个极端：平行宇宙的说法完全是无稽之谈。现实只有一个，宇宙每时每刻都在做出明确和单一的决定。也许量子的随机决定早就被神秘地确定下来。也许在我们的宇宙之外住着一个戴着礼帽、穿着条纹衫的怪胎，他操弄着量子实验的结果，从而决定我们的命运。

　　谁也说不清楚这些说法中哪个是真的，可能永远不会有人知道。没有人能设计出一个找出量子巧合是否真实存在的实验。我们也没法通过某次测量，认定除此次测量结果之外的可能性是否已经在平行宇宙中成为现实。

　　你可能会因此感到悲伤，抱怨我们永远无法了解世界的真实面目。你还可能会感到高兴，因为我们可以自己找出关于世界的真相。在可验证性消失的地方，科学变成了一个偏好问题——这也是一件好事。

　　但自然法则依然不可动摇。如果你不喜欢万有引力，带着反重力护身符跳下飞机，那么你的结局会很惨。科学即真理，尽管你不相信它，尽管有些问题无法用科学事实来回答。例如，任何测量装置都无法评判毕加索和康定斯基谁是更伟大的艺术家，也无法判定海王星是否比天王星漂亮。此外，从科学的角度来看，大自然中是否存在绝对的随机性，或者世界的命运是否基本上已由自然法则预先确定了，似乎也无法判定。

自由意志

　　有些人觉得量子的随机性很美，因为它似乎摆脱了自然规律的约束。如果我们只是由基本粒子组成的，这些基本粒子乖巧且体面地遵循基本物理方程；如果一个瞬间必须从上一个瞬间中产生，那么我们做出的决定不也是被自然规律事先决定好的吗？在这样的宇宙中，还存在自由意志吗？是否存在一种根本的、深嵌于宇宙基本规律内的随机性，让作为有意识、能够自我决定的生命体的我们，能够改变世界的进程？

这种想法没有意义。它也许能让我们感到温暖，却不会带来任何进步。

随机性如何让我们更自由？如果我做了一个决定，它来自发生在从左数第12个神经元中的某个量子巧合，那么我是自由做出这个决定的吗？当然不是。只有当决定是作为人类的我基于自己的观点及内心的考量做出的时候，才能说我行使了自由意志，没有因为某个巧合掉入现实的量子泡沫。

这个世界要么严格遵循自然法则，每件事都明确出于特定的原因，一切都循规蹈矩；要么在某个地方存在一个偶然事件，它不受自然法则的影响，产生出无因可循的结果。这两种情况似乎都不符合我们认知中的自由意志。

有严谨的科学家努力研究并寻找人类大脑中受量子随机性影响的结构。但是，即使有一天他们的努力获得了回报，也不会对自由意志的哲学研究有什么重大贡献。人类的自由和量子粒子、自然基本规律，甚至是量子巧合都无关联。

自由是我们大脑里的一种感觉。我们必须大方地承认这一事实。这就意味着，不论我们如何解释这种感觉，自由意志都是存在的。自由意志有可能起源于神经元的活动，然而神经元活动不过是一连串的化学反应和物理反应。但这并不等同于我们可以在物理层面上谈论自由意志——这个概念根本不属于物理学的范畴。就像我们可以把木瓜的化学成分整齐地写在纸上，但无法借此解释木瓜的味道。类似的思索对我们毫无益处。

也许有一天会出现一种全新的、更全面的科学理论，让我们可以重新思考偶然性和可预测性。即便如此，我们也有可能永远都无法确定世界是如何构成的。我们其实永远无法对宇宙之外的其他现实与其他观察不到的事物做出可靠的陈述。我们可以接受针对这些事物的任何猜想，只要它不与我们的观察结果相矛盾。

当然，聪明的理论和不那么聪明的理论之间还是有区别的。如果有人相信戴着礼帽的怪胎挥动着大手指挥我们的宇宙运行，就算我无法用实验推翻这个观点，我仍有充分的理由认为说出这个观点的人疯了。不过，在讨论无法验证的世界观时，我们可以更宽容大度，因为自然科学问题只能是非黑即白的。

我们应该关注更有意义的问题

对于"随机性是否存在于基本自然规律中"这个问题，如果没有明确的答案，只有似是而非的观点，这是否意味着我们关注点跑偏了？我们是否应该关注其他有趣的问题，比如我们可以造出预测未来的计算器吗？牛顿和他同时代的人认为这是可行的，但时至今日我们知道，这样的机器不可能存在。即使在银河系的另一端生活着更高智慧的外星生物，人类之于它们就像萤火虫之于太阳，即使它们创造出了在人类看来像魔法般的、高度发达的技术，即使这些超级聪明的外星生物拥有最好的计算器，也无法突破混沌理论和量子物理学的限制。

至于假设中的拉普拉斯妖是否像嘀嗒作响的钟表一样准确分析和预测世界，也无关紧要。我们不可能知道一切，发生一些我们无法理解的事情也是顺理成章的。

多年来，维也纳工业大学理论物理研究所一直有一个仪式——巧克力赌注。教授、助教和学生都会认真地参加这个仪式。某人提出一个可以用数字回答的问题，其他人都要猜一猜结果，答案最接近的称为胜利者。除胜利者外，其他人都要带来巧克力作为茶歇时的甜点。这一传统的唯一目的就是确保研究所的巧克力供应永不枯竭。问题是什么毫不重要，甚至不一定与物理有关，比如格林尼治目前的气温是多少？罗马尼亚议会选举结果如何？氖的原子质量是多少？它不是为了彰显某个人智商高或者受教育程度高，仅仅是一个随机生成器。

这些问题之所以难以回答，原因各不相同。格林尼治的天气与基本混乱的不可预测性有关，罗马尼亚的政治氛围取决于复杂的社会环境。氖原子的质量虽然是无可争议的，但我们不会特意记住它。这三个问题都适合作为巧克力赌注的问题。因为我们在当下不可能精确作答，所以答案对我们来说就是随机的。

对人类来说，随机性是一个事实，不管我们喜欢与否，它都是我们生活的一部分。探究它的深层原因对我们没什么用处。认识到这一点后，我们就应该放下心来，转而去关注其他的问题。分析随机性会带来什么影响更有意义。它对我们、对地球上的其他生物意味着什么？我们应该如何应对随机性？我们为何屡屡做出错误的判断，在赌场上输掉血汗钱？有些超自然现象是现在我们仍然无法解释，还是只是毫无意义的巧合？一些资质平平的人发财了，而一些聪明有想法的人失败了，这也是巧合吗？

在一个由随机性决定的世界里，我们更应该思考这些问题，因为它们更重要。

第七章

基因彩票

有五只眼睛的节肢动物、安乐蜥的族系谱和人类的终结
——进化和巧合有很大关联，但进化不是运气游戏。

一只欧巴宾海蝎饿了。它一边贴着海底滑行，一边寻找食物。我想象不到还有比它更特异的动物了。它只有几厘米长，身体分节，两侧有叶状肢。它用五只眼睛观察世界。在它的长吻前端有一个抓取工具，可以像铲子一样把食物送进嘴里。

5亿多年后的今天，欧巴宾海蝎及其所有的近亲都灭绝了。只有在加拿大的伯吉斯页岩沉积层中，人们才能找到这种奇怪动物的遗骸。没有人见过外形与欧巴宾海蝎相同，甚至稍微相似的生物。它没有像我们这样的内骨骼，它五只眼睛的运作方式与现代脊椎动物的眼睛完全不同。它的抓取工具与我们的完全是两回事。尽管如此，但我们与欧巴宾海蝎之间存在着亲缘关系。我们来自同一颗星球，出现在同一部演化史中，它的DNA的化学成分及其性质与我们的DNA相同。

名为"欧罗巴"（Europa）的木卫二上寒冷刺骨。它与太阳的距
离约是地球与太阳的5倍，太阳的...　　　　　下足以融化覆盖着欧罗巴的厚
　　　　　　　　　　　　　　　　　　　　　　留有一丝温暖：欧罗巴因为木

书名　　　　　　　　作者　　　　　　　　　　罗巴的潮汐力非常强，以至
　　　　　　　　　　　　　　　　　　　　　　欧罗巴的冰壳下可能有液态
　　　　　　　　　　阅读日期　　　　　　　　在某些地方可以对水加热并
我的评分　　　　　　　　　　　　　　　　　　壳下隐藏着一整个的生态系
　　　　　　　　　　　　　　　　　　　　　　中的某个地方发现外星生
最爱金句　　　　　　　　　　　　　　　　　　之一。

　　　　　　　　　　　　　　　　　　　　　　测器会降落在它荒凉的冰
　　　　　　　　　　　　　　　　　　　　　　冰壳。位于地球控制中心
我的书评　　　　　　　　　　　　　　　　　　为部真的发现了生命，那
　　　　　　　　　　　　　　　　　　　　　　进化发展的：永恒的冰
　　　　　　　　　　　　　　　　　　　　　　假设冰壳之下存在复杂

　　　　　　　　　　UNREAD　　　球上的鱼类一样有鳍和
　　　　　　　　　　　　　　　　　　　　　　亲缘关系，但已经让我

一起制作读书笔记吧！把「未读」变成已读

们感到陌生无比，那么其他星球上的生物比欧巴宾海蝎会更奇异吗？如果两个完全不同的地方发生生物进化，那么之后两地会出现相似的生物吗？也许进化的结果完全是巧合？

每个人都因巧合而诞生

进化与巧合有着密切的关系，这无可否认。我们因为"基因彩票"偶然生成的序列而存在。我们的体细胞中有23对染色体。科学家按照大小将它们编号。最大的1号染色体包含近2.5亿个碱基对，它们就像组成细长绳梯的横杆一样排列在DNA双螺旋的链条之间。22号染色体中碱基对的数量是1号的约1/5。23号染色体为性染色体，它有X型和Y型两种。

生物的每对染色体中都有一条来自父体，一条来自母体。我们的每一个体细胞中都包含46条染色体。墨鱼有12条，狗有78条，黑猩猩和紫罗兰花各有48条。染色体的数量并没有更深层的意义，它与生物的复杂程度或进化程度也无关。

父母传递给我们他们的哪一半遗传物质完全是由巧合决定的。因为卵细胞和精子携带的基因物质会随机减少一半，它们只包含23条染色体。只有这样，受精卵才会携带一套数量正确且完整的染色体组，共有46条染色体。

然而，染色体并不是完整传递的。我们从父亲那里继承的7号染色体与父亲拥有的一对7号染色体中的任一条都不完全相同，而是它们的混合。在卵细胞和精子的形成过程中，染色体携带的遗传物质将发生交换和重组，即染色体的属性会融合。[16]否则，染色体在每一代都保持不变，新的遗传信息组成将相当有限的。

例如，一名男性将他从母亲那里得到的染色体完全传给他的孩子。一对染色体的其中一条遗传给孩子的概率是50%，对23对染色体来说，概率大约是800万分之一。这样就会有一个孩子，他恰巧与自己的爷爷毫无亲缘关系，而与奶奶共享一半基因。但这是不可能的，由于在生殖细胞形成过程中染色体总是会交换和重组，因此爷爷和奶奶的DNA都存在于孩子的体内。

此外，还有一个重要的巧合来源，否则进化就不可能发生——自发突变。DNA中存储的信息可能会发生变化。有时在细胞分裂过程中，DNA的复制可能会出现随机错误。外部的影响也有可能造成DNA突变。

特定的化学物质和特定类型的辐射也可以导致DNA变化。这些过程发生在原子和分子层面上，因此量子随机性起着决定性作用。当DNA被放射性光子击中时，光子可能会穿过DNA结构而不产生任何影响。但它也可能会在特定的位置被吸收，使两个原子之间的连接断裂并导致突变。大自然会自行选择这两种可能性中的一种，我们完全无法对它进行预测。

巧合与自然选择

　　每个生命体来到这个世界时携带的DNA都是不同的。任何时候，某个人的DNA恰好与其他人完全相同的可能性微乎其微。其实我们的遗传数据总量没有想象的那么庞大。一个卵细胞和一个精子携带的染色体中大约有3.2亿对碱基，一个碱基对携带2位信息。由此我们可以计算出存储在一个人携带的遗传信息总量——不到800兆字节，这其实非常好算。甚至一段度假视频占用的存储空间都远大于DNA。考虑到我们的基因相似度非常高，我的大部分基因与楼上邻居的一样，我们会发现：决定两个人差异的基因占用的存储空间不超过几张高清照片的大小。这么少的基因中包含了将我们区别开来的全部信息——从瞳孔的颜色到鼻子的形状，从血型到骨骼结构。

　　我们带着从父母那里随机获得的800兆字节遗传信息开始了人生旅程。一个人能否依靠这一基础基因架构获得成功，能否存活下来并把他的基因传给下一代，取决于无数的偶然事件。回首过往，我们往往会觉得自己的一生相当不错：我们通过家庭成功进行了繁衍。每个家庭都是如此。无一例外，我们的祖先都存活了足够长的时间并繁衍后代，否则我们便不会存在。然而在历史的长河中，我们的DNA无数次证明了，遗传信息不一定能帮助我们应对生活中所有的挑战。不断变化的环境会反复决定哪些遗传特征是有用的，哪些是无用的。

　　我们常以长颈鹿为例来解释生命的进化：在非洲的某个地方，有些动物偏爱高树上的绿叶。长脖子和短脖子的动物和平共处，但脖子长的动物拥有某种优势：即便是最高处的绿叶它们也可以够到，但它们的短脖子亲戚无法做到这点。因此，长脖子的动物在艰难时期有更高的生存概率，它们的后代数量会更多。如果负责表达长脖子的基因能带来更多的繁衍成功实例，这种动物后代的脖子就会逐渐变长。经过许多世代的繁衍，有着长脖子的长颈鹿便出现了。

这个故事听起来具有说服力，既易于理解又富有教育意义。不过，它有一个令人恼火的缺点：它是错误的。更细致的研究显示，长颈鹿常吃的植物即使是短脖子动物也可以顺利够到。脖子长有可能出于一个完全不同并且不太适合儿童了解的原因：雄性长颈鹿会利用它们的长脖子进行相当残酷的交配权争夺。它们会挥动脖子，用头互相撞击，以此吸引雌性长颈鹿。在日常的生活中，长脖子对它们可能更像是妨碍而不是帮助。但从性别角度来看，长脖子是优势——就像雄性孔雀的漂亮羽毛一样。

这表明，进化可能比我们想象的更复杂。查尔斯·达尔文研究了加拉帕戈斯群岛上著名的燕雀，它们的喙可以适应不同的进食策略。如果我们只着眼于这些例子，就可能会认为进化是一个受偶然和巧合驱动的优化过程：随着时间的推移，生物能够越来越好地适应环境，直到最终实现完美的适应。但这也是错误的。这就好比人们把天气的形成看作一个受随机事件驱动的过程：随着时间的推移，大气条件不断适应地球的环境。那么我们希望的最佳天气条件最终将会出现，全球的气候会达到稳定和平衡的状态。事实一定会令我们失望——这种情况永远不会发生。

达尔文的基本思想是正确的，即使在我们今天看来，这也是不容置疑的。一般来说，负责表达有利于个体生存和繁殖的身体特征的基因更容易被继承——这就是进化的驱动力。但是，生物学中的反应多种多样，它们在相互作用中通常会产生奇怪的结果。某个特定的特征被传递给后代的原因不总是能一眼被看穿。

有时，某些对生物本身的存续没有任何影响的特征被传递了下去——只是因为单纯的巧合。比如，雌性基于某个特征挑选雄性来繁衍后代，因为所有雌性都认为这个特征很有吸引力。这样，雌性的选择增加了其后代拥有这种特征的概率，从而使其雄性后代能成功地吸引雌性。这种生物特征保留下来其实只是为了增加后代的数量。

有时，一些对个体来说是劣势的特征也得以传承。有些鸟类拥有过长的尾巴，这会限制它们的活动能力。但是，雌鸟对此非常满意：如果这种有明显缺陷的鸟能够生存下来，那么它的其他基因肯定非常优秀。

我们必须意识到，从来没有一个物种是在完全不变的环境中以不变的条件发展起来的。一个生态系统中的所有物种都在持续的交互中共同变化。处于食物链底端的动物会演化出坚固的外壳，以免被捕食。捕食者因此演化出更坚硬的牙齿，以便咬碎外壳。最终没有生物受益。这就好像在流行音乐会上，所有人都踮起脚来，以获得更好的视野。每个听众都付出了更多的精力，但最终没有人因此获益，但整个生物系统以这种有趣的方式得到了进化和发展。通过多方的互动，一些有趣的新事物应运而生。

现在，我们不再将进化看作一场残酷的"生存之战"。在这场战争中，强者残暴地占据优势。我们可以借助数学模型来解释，为什么利他主义和合作精神可以带来进化优势。清洁鱼会为体形更大的鱼类除去身上的寄生虫。值得注意的是，大鱼在此之后会放弃捕食清洁鱼。显然，这是一种双赢策略。进化上的成功有时是复杂的，我们不能总是靠第一印象来理解。

合作和利他主义经常可以在同一物种的个体之间观察到。这并不奇怪，毕竟它们有很多相同的基因。帮助那些与自己有密切关系的个体，就提高了将自己的基因传给下一代的概率。从基因的角度看，是我在世上留下许多后代，还是某个拥有和我极度相似基因的个体能够繁衍生息，完全无关紧要。因为在这两种情况下，基因的传递都得到了保障。

这也许可以解释兄弟姐妹之爱，因为在基因层面，兄弟姐妹之间的关系和父母与孩子之间的关系一样密切。然而，如果我的基因得到传递，我能从中得到什么呢？为什么基因复制是有意义的呢？对此，英国演化生物学家理查德·道金斯（Richard Dawkins）给出了一个新颖的答案：这个问题本身就是错误的。生物个体是否受益不是关键。也许进化要从基因的角度而非个人的角度来看待，才是有意义的。对基因来说只有一件事是重要的，那就是它是否会被复制。除此之外，其他的一切都不重要。

人类是无趣的基因容器

让我们暂时把自己和其他生物放在一边,从分子层面上了解进化史。某时某刻,在海洋中形成了一种非常有价值的分子,它们可以生成自己的复制体。这种分子的"基础部件"会优先与漂浮在原始汤中合适的基础部件结合。于是,DNA的前身形成了,成为同一类分子的模板。这既不需要超自然的创世过程,也不需要神秘的生命力量,这只是化学。

这些分子继续复制,它们的数量自然而然地增加。但是海洋中随机漂浮的合适的基础部件数量有限。因此,分子们立即展开了对现有化学资源的竞争——不是一场张牙舞爪的斗争,这些东西还没有被进化出来。这是一场由巧合和概率构成的斗争。

能够生存下来的只有那些自我复制效率特别高的分子。它们"发现",自己不仅可以不停地进行自我复制,还可以通过生成其他的结构(如蛋白质、保护性外壳、细胞)来保护自己。于是,生命产生了。它其实就是帮助某些分子更好地复制的工具组合体。

从分子生物学角度看,我们不过是某种复杂的基因容器。随着时间的推移,它们被"调教"得越来越适合给基因提供尽可能多的复制机会。而基因无须考虑它是否给作为工具的我带来了收益。从进化的角度来看,一个让我拥有很多孩子,然后很快死去的基因,可能是非常成功的。对基因来说,我的心情好坏和它有什么关系呢?

在某种意义上,我们只是这场复杂的、广泛的进化游戏中位于基因与生态系统之间无趣的中型过渡结构。在生态系统中，基因必须维系自己的生存。如此想来，进化是不是只是一部分子发展史？它们只是顺便造就了像我们一样能思考、有感觉的生物，因为随着时间的推移，它们认为生物结构更有利于生产更多的分子？

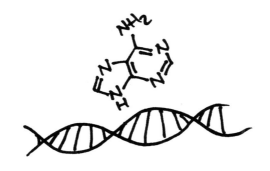

对这个问题，人们有不同的见解。我们可以从分子或基因的层面来看待整个进化史。但对许多问题来说这并不实用。正如在物理学中，我们不会用基本粒子去解释每一个现象，因为这样做往往太过复杂。在生物学中，仅从最基本、最基础的层面看待所有的事物也不是一个好主意，有时在个体、家族、群体或物种的层面上解释会更好。

尽管如此，但理查德·道金斯的基因中心理论基本上是正确的：

进化的基本单位是基因，而非个体。一个好的基因经常被复制的原因在于，它有助于形成一个具有高生存和繁殖概率的生物。至于这个生物因此变得更强壮、更聪明、更高大，还是更瘦弱、更愚蠢、更矮小，对基因本身来说完全无关紧要。

这是巧合吗：同功与趋同？

从生物个体层面来看，进化是一场旷日持久的大型运气游戏。认为只有最优秀、环境适应能力最强的人才能带着他的基因生存下来，其实完全错了。成功生存下来的人并不一定是最优秀的，他们只是有更好的机遇而已。也许有史以来基因配置最好的霸王龙在年幼时就被岩崩掩埋了。生存能说明生物的基因质量吗？很难。就个体而言，生命只有一次，样本量太小，无法取得可靠的统计结论。

如果大量克隆这只霸王龙，让它们顺利长大，它们很有可能都活得很好，携带的基因会得到广泛传播。这时才能体现其基因的优秀之处。但是，对偶然被落石击中的可怜龙来说，携带优秀基因一点儿用处也没有。比它反应稍慢、行动稍笨拙、体形稍弱小的同伴反而幸运地进行了大规模的繁殖。

进化得以实现并不是因为更适合生存的基因能自动走向成功，而是它们可以在统计学上提高繁殖的概率。这就像掷骰子：如果骰子的形状稍不规则，能稍微提高掷出6点的概率。这就是优势，但不意味着你总是能赢。

让我们把时间的尺度放大，从几百、几千甚至几百万年的尺度来看进化。这时，个体在其一生中遇到的巧合就不明显了。长远角度来看，进化是否有一个必然遵循的固定方向呢？

很明显，在肉食性动物中，跑得快、牙齿锋利是非常有用的。因此，进化衍生出这些特征不足为奇。这些特征可以显示数千年来恐龙的进化过程，但无法说明一只霸王龙的命运。捕食者在漫长的进化过程中长出锋利的牙齿并不是巧合，而是绝对的必然。难道说，尽管进化建立在无数随机事件的基础上，但总体而言，它仍然遵循着可以理解的规则？

有一个现象支持以上观点。生物学家发现，一些亲缘关系不太近的生物却具有惊人相似的特征，即同功。而几乎没有亲缘关系的生物朝着同一个方向发展的现象则被称为"趋同"。鲨鱼、海豚和早已灭绝的恐龙鱼有着十分相似的体形。但这不能用遗传来解释，因为它们的祖先完全不同。在进化中，这些动物逐渐演化出流线型身体，最终成为快速的、灵活的游泳健将。

结果相似并不意味着进化的基因相同。这些动物可能拥有完全不同的遗传信息，合成完全不同的蛋白质，以不同的方式各自发育成胚胎。最终诞生的生命却看起来惊人地相似：它们都有鳍、尖尖的吻和能在最大限度上减小水流阻力的体形。

既然物理定律适用于所有物种，那么在相似的环境中，生物不得不与相似的问题作斗争，进化后得出相似的解决方案，也就是理所应当的。例如，不同国家、不同生活背景的人独立制造的搅拌机可能是一样的。尽管制造方案不尽相同，甚至一些重要零部件大相径庭，但其外表必然是相似的。某种程度的趋同是可以预见的。为了保证实用性，搅拌机必须具备某些特定的功能。

但是在进化中，哪一个占主导呢？是趋同，还是巧合？这又是一个没有明确答案的问题。关于它的讨论也不在少数。有两位进化生物学家斯蒂芬·杰伊·古尔德（Stephen Jay Gould）和西蒙·康威·莫里斯（Simon Conway Morris）研究了伯吉斯页岩中的化石，其中包括有五只眼睛的欧巴宾海蝎。但是两人从中得出了截然不同的结论。

古尔德惊叹于伯吉斯页岩中化石种类的繁多，里面有大量体形完全不同的动物。在进化中，这些物种都能很好地适应它们所处的环境。它们完全可以继续好好地生活，但最终都灭绝了。为什么我们的祖先能生存至今呢？

古尔德认为，我们的祖先之所以在这些物种中脱颖而出，可能只是一个巧合。暴龙、人类和裸鼹鼠的故事之所以如此发展，也是因为巧合。古尔德称之为"偶然性"。完全有可能是另一种生物笑到最后，地球上就会出现许多五只眼睛的物种，比如欧巴宾海蝎。如果时光可以倒流，回到欧巴宾海蝎和它在伯吉斯页岩中的同伴一起在海里生活的时候，让进化重新开始，物种多样性将与我们今天看到的完全不同。

莫里斯则持完全不同的观点，他坚持进化的趋同性。即便存活下来的不是我们的祖先，而是同时代与其毫无亲缘关系的生物，最终它们也会进化出和我们类似的特征。只要存在生态位，就一定会有相应的物种占据它。如果某些特征是实用的，在某些时刻就一定会出现具备这些特征的物种。从这个角度看，生物进化到某一刻，肯定会演变出长着大脑袋且自认为有智慧的生物，这既是必要的，也是不可避免的。

偶然性支持者古尔德与趋同性倡导者莫里斯之间的争论还涉及意识形态——古尔德认为莫里斯的论证涉及宗教立场。这场争论自然没有彻底平息。不过，即使我们有可能重现伯吉斯页岩形成时的生物环境条件，也要等上5亿年才有机会知道进化结构是否相同。

小范围进化

当然，我们也可以缩小范围开展研究。安乐蜥（Anolis spp.）广泛分布于加勒比海的大安的烈斯群岛（包括古巴岛、牙买加岛、伊斯帕尼奥拉岛及波多黎各岛）。它们适应了那里不同的生态环境。有些生活在草丛和灌木丛中，有些生活在树上。栖息地不同，其外形也大相径庭，仅凭外形无法一眼分辨出它们的栖息地。古巴岛上的树栖安乐蜥与牙买加岛上的树栖安乐蜥十分相近，但两者明显不同于各自岛上在灌木丛中生活的安乐蜥。

据此，我们可以假设，一座岛上进化出了不同物种，所有物种的种群都能在岛与岛之间传播。可遗传分析表明，事实并非如此。安乐蜥的祖先（单一种）在所有岛上繁衍生息，它们在这4座岛上的进化过程接近，于是4种相近的安乐蜥分别在各自岛上诞生了。住在树上的安乐蜥看起来与邻近岛上同样生活在树上的"亲戚"相差无几，但两者的亲缘关系并不比它们与生活在灌木丛里、外形完全不同的安乐蜥的亲缘关系更深厚。这说明，进化是可复制的。进化一度带来相似的结果，偶然性在这里似乎并没有发挥重要作用。

我们再将范围缩小至实验室，用更简单的生物来进行一场迷你进化模拟。1988年，美国生物学家理查德·伦斯基（Richard Lenski）开始了一项长期实验。他选择了一种非常不起眼、生活在动物肠道中的生物——大肠杆菌。当我们在街上"走狗屎运"时，就会从鞋底刮下大量的大肠杆菌。伦斯基和他的团队往12瓶不同的糖溶液中放入大肠杆菌。每天，他们都会将细菌移出并转移到新的糖溶液中，让它们继续繁殖。

所有瓶子的外部条件都是相同的。伦斯基预期，这12个大肠杆菌组别之间很快就会出现差异。由于实验室为细菌提供的环境与肠道环境差别很大，因此可以预料细菌会发生某种进化。伦斯基认为，进化带来的变化加上随机突变，在繁衍数千代后，会让不同组别的大肠杆菌变得截然不同。

但是研究结果显示，大肠杆菌的进化非常稳定且重复性高。有些进化已经出现了，比如适应性有所提高，大小和形状也发生了变化。在所有12个组别中，大肠杆菌的变化方式和变化程度都高度相似。初步实验似乎证明了趋同理论，偶然性在细菌生命阶段中的作用微不足道。

但有一天，戏剧性的事情发生了。有一个细菌"学"到了全新的知识。除了糖之外，溶液里还含有柠檬酸。通常，细菌无法利用柠檬酸，因为在有氧气呼吸时，它们无法将柠檬酸运送到细胞内部。然而在2003年，在12瓶溶液的其中一瓶里，有一个大肠杆菌解决了这个问题，它成功地找到一种全新的食物来源。

这从根本上改变了小玻璃瓶中的生活。能够以柠檬酸为食是一种巨大的进化优势，这种能力迅速扩散开来。然而，爱吃柠檬酸的细菌在争夺糖分的竞争中不再那么成功了。于是自此之后，两种不同的大肠杆菌并存——长期以来吃糖的大肠杆菌和以柠檬酸为食的新大肠杆菌。然而，这场革命只在12个组别之一里出现。即使进化从整体上看是可预测的、合乎逻辑的，随机性有时也会将其引导至令人惊讶的新方向。

可预测的趋同性和意料之外的偶然性——两者在进化中都很重要。这对我们了解外星生命有什么启发呢？如果木卫二的冰壳之下真的有生命，它看起来会和在地球的海洋中游荡的生物相似吗？

可能是，也可能不是。欧巴宾海蝎就是一个好例子。它表明在地球上可以演变出对我们来说几乎完全陌生的生命体。我们对地外天体上的生命也有相同的陌生感。因此，把外星智慧生命想象成我们的样子，未免有些天真。给演员戴上奇怪的耳朵，稍微调整他的肤色，他就能摇身一变，成了外星人？如果有一天我们真的看到外星生命，想到电影里的形象，可能要大笑一番。

不过，由于物理定律在任何地方都是一样的，我们仍然可以预期，外星生命体的基本演化逻辑和方式应该与地球相同。例如，其他星球上的水生动物大概率也是流线型，并有类似鳍的器官。眼睛、耳朵、腿和用于抓握的手（爪）都是非常实用的身体部位，肯定也会在外星生命进化中得到保留。

意外的智慧：人类及其思想

人类的智慧又是什么呢？它是否属于简单实用的特征，就像海洋动物的鳍一样，不可避免地会在某一时刻产生？也许我们的智力、意识和社会生活仅仅是大自然的突发奇想？

为了找到一个可靠的答案，我们必须分析大量与地球相似的星球，统计其中有多少星球通过进化产生了智慧生命体。无论如何，在地球上，可以衍生出较高文化水平的智慧很可能只出现在人类身上——与鳍的出现形成鲜明对比（它是各种生物独立发展出来的）。分析后，我们既没有发现恐龙留下的能代表高度发达的文明遗迹，也没有找到章鱼建立的高度发达的海底城市。为什么没有呢？为什么智慧如此罕见？也许我们只是在自说自话想证明智慧在进化中的重要性？也许智慧只是进化中的一个意外，长远来看它并无价值？

人类是一个非常成功的物种。在过去的几千年里，人口数量突飞猛进，几乎地球上的所有地区都有我们的聚集地。我们对地球生态系统的影响比之前"统治"地球的任何物种都要大。20世纪初，人口数量首次超过了所有野生哺乳动物的数量。到21世纪初，人口数量增加到100年前的10倍。同时，我们还饲养牛、猪、羊和马等家畜，我们对它们的进化实施了大规模的干预。人类及家畜的数量和是所有野生哺乳动物数量的20倍。

我们取得的成绩毋庸置疑。我们的基因应该满足了——它们得到了大量复制。与此同时，牛和羊的基因也在不断复制。原因很简单，它们在进化过程中碰巧变得适合被我们吃掉。诚然，如果将我们与昆虫或细菌对比，情况又不一样了（人口数量也许就没那么可观了）。至少在地球上的"大型动物"中，我们还是举足轻重的角色。我们认为自己是地球上的主宰，是有充分理由的，而不仅仅是狂妄自大。那么，这是否证明我们的智慧在进化中具有重要性？

我们要注意一点：人类享有优越地位的时间不算久。在很长一段时间里，人类和其他许多哺乳动物一样中规中矩、普普通通。人口爆炸和我们超越任何其他物种的强大环境干预力，是科学知识带来的结果。如果一个外星文明在10万年前向地球派出了探索飞船，外星人遇到了原始狩猎者和采集者，发现他们还在使用简单的石器，遵守奇怪的餐桌礼仪，应该不一定能预料这些原始人能在未来发展出科技和文明，能制造粒子加速器、月球火箭和咖啡机。人类的发展如此顺利，在很大程度上归功于运气好。否则，结果可能会与现在截然不同。

鸟羽灾难

如果分析世界各地人们的DNA，我们会发现惊人的相似度。这是因为我们的祖先都是史前人类的分支，且各自之间相差不大。7万多年前，我们的祖先正在经受一个相当艰难的阶段。据说，当时只有几千个人存活，人类面临灭绝的威胁。直到度过这场浩劫，人口才再度增加，这就是"遗传瓶颈"。个中缘由还不得而知，不过我们可以参考一下"鸟羽灾难"理论。

约7万年前，苏门答腊岛发生了一场可怕的自然灾害，其剧烈程度难以想象。大地像愤怒的巨龙一样喷出火焰，天空被黑烟掩盖，太阳躲在灰尘之后。至少有2800立方千米的岩浆和火山灰从鸟羽超级火山中喷发出来——这个数量让近代史上所有的火山喷发看起来都像是儿戏。公元79年，维苏威火山爆发摧毁了庞贝城，这次火山爆发喷出约3立方千米的火山灰和岩石。1815年印尼坦博拉火山爆发时，据说有大约175立方千米的火山灰和岩石落到地表——火山灰弥漫整个地球，1816年也成为史上的"无夏之年"。那一年，甚至在遥远的欧洲也出现了农作物歉收和饥荒的危机。

两相对比，更猛烈的鸟羽超级火山喷发究竟造成了怎样的后果已经超出我们的想象。我们只知道，整个南亚被1厘米厚的火山灰覆盖，地球的平均气温急剧下降。尽管科学界对这次灾难的影响范围仍有争议，但有一点可以肯定，那就是"鸟羽灾难"确实把人类逼到了灭绝的边缘。试想，如果这场灾难再严重一点儿，如果它发生在其他季节，或者早几百年、晚几百年，伴随不同的气候条件，也许人类会彻底消失。如此看来，我们真是吉星高照。

其实，人类的存续不仅靠避开自然灾害，以及遇到的灾害程度相对温和，还得益于某些毁灭性事件。6600万年前，一颗直径十几千米的小行星偶然撞击了地球，引起了气候变化，有可能导致恐龙的灭绝。

如果不是这样，哺乳动物可能永远不会胜利，人类也不会出现。也许最后会演变出有智慧的恐龙，现在因进化成绩而沾沾自喜、自认为无所不知的就不是人，而是长着绿色鳞片的恐龙了。聪明的恐龙后代可能还会在后来的考古活动中发现史前灭绝的哺乳动物，并对这些奇怪动物的消失提出有根据的理论猜想。

从统计学角度看，总会有人彩票中大奖，这不可避免。同样，巨大的自然灾害也是不可避免的。它们会以随机、不可预测的方式"袭击"我们的地球。地球上生命的进化总是要适应这种节奏。也许地球之外的某处，有一颗碰巧十分相似的星球，这颗星球上也有欧巴宾海蝎。就在它带着五只眼睛在海里游来游去时，小行星撞击、火山爆发、地震和板块移动都发生了，而且顺序和地球的不一样，再加上来自卫星和邻近行星、行星磁场和太阳风的不同影响，这颗星球必将走上完全不同的进化道路。

对造物主的渴望

生物进化清楚明了地向我们展示了偶然性之美。DNA的随机突变能孕育出新的生命。在名为生命的巨大的概率游戏中，偶然性以不可预知的方式结合在一起。细胞、生物和生态系统就是这样产生的，但它们最终呈现的样子符合一定的规律。每一个细胞成分都有存在的作用，每一个器官都对我们意义重大。原始森林就是一个优化到极致的系统，它比最精密的钟表还要复杂上百倍——这样一个令人赞叹、美丽繁复的系统却诞生于无数个巧合。

有人不愿意相信这一点。他们仍然认为生命的多样性存在另一种解释——神的创造。这个观点现在被称为"智慧设计论"。他们说，如果你在某个地方发现了一块手表，那一定是一名钟表匠在某个地方巧妙地设计了手表的各个部件，然后用精湛的技艺将它们组装在一起。这种想法无可厚非，但在当今理性思考的社会中已无立足之地。进化论不再是一种可以通过严肃的科学证伪加以质疑的理论。它已成为整个生物学的骨架。进化论生物学家狄奥多西·多布赞斯基（Theodosius Dobzhansky）写道："生物学的一切都没有道理，除非从进化论的角度来看。"只有借助进化论，现代生命科学的诸多领域才汇聚成一个合乎逻辑的整体。

这并不意味着，我们对进化的理解是一成不变的，它不能随着新的科学发现而改变。在科学中，最大的惊喜就是没有发现新的惊喜。但是，进化论的基本思想不会被推翻——就像新的物理实验永远不会质疑原子的存在一样，即便有人发现了未知的新基本粒子。

神创论者认为进化的巧合根本是异想天开，并以此来攻击进化论。像人类这样拥有精神、智力与各种精密器官的生物，怎么可能是偶然发展出来的呢？如果是这样，那么我们肯定能经常听说，一场飓风席卷废品场，将金属部件吹得到处都是，却在偶然间拼凑出了一架完整的、可用的飞机。虽然这在物理层面来说是可能的，但在现实中不会发生。

如果有人真的将这二者相比，说明他不理解进化论。进化恰恰意味着我们不是通过简单拼凑形成的。如果30亿年前有一场史前风暴席卷了原始汤，使得漂浮其中的分子自发聚集并形成一个人，这个对比就合适了。但没有人会傻傻地说出这番话。进化基于无数的随机事件。但进化本身，即从相对简单的个体演变出多种复杂的生命，是在基因、生物和环境的随机博弈中缓慢发生变化的。它并非偶然的产物，而是一种必然——就像河里的石头不可避免地会被水流冲刷。1000年后这块石头会变成什么样子不好说，取决于水流、其他石头和气候变化。但它会随着时间的推移而失去锋利的棱角是在一开始就注定的。进化如何进行也许不可预测，但进化论的存在不应该让我们感觉惊讶。它和分子、小行星或液雨一样，都遵循自然法则。

第八章

存在于头脑中的巧合

迷信的鸽子、祈雨舞和对鲨鱼的恐惧

——人类的怪异行为往往和他们无法正确应对巧合有关。

如果晚上有比赛，棒球职业运动员丹尼斯·格罗尼斯（Dennis Grossini）就会在上午10点整准时起床，在中午1点前往特定的餐厅，点两杯冰茶和一个金枪鱼三明治。下午，他会换上在上一场获胜的比赛中穿的毛衣。晚上，他一定会嚼特定的口嚼烟。比赛期间，每次投掷后他都要触摸球衣上的字母并把帽子摆正。如果对方球队得分，在这一回合结束后他就会洗手。这些对他来说已经成了习惯。

没有人要求过丹尼斯·格罗尼斯必须做这些怪事，也没有人能理解他的这些怪异做法。但是格罗尼斯好运连连，他生怕只是因为改变了比赛日流程中的某个细节便会中断这一连串的好运。谁知道是不是冰茶、口嚼烟或者洗手带来了棒球比赛中的好运呢？如果一切都在往好的方向发展，他就会认为，这些日常行为最好都按当时的情况准确地延续下去。

我们当然可以把这视为一种滑稽的迷信行为。在比赛前穿上某件衣服便能给场上表现带来影响自然是毫无逻辑依据的。人们可以开展大规模研究：把起床时间不同、用不同种类的口嚼烟、在不同时机摆正帽子的棒球运动员们随机分组，从统计学的角度分析他们的成功。但研究结果很可能表明，每组的结果并无本质区别。推论：这些事物不会对比赛结果产生真正的影响。

然而，即便有人大费周章地做了研究，数据和计算结果也不会让丹尼斯·格罗尼斯这样的球员有所改变。这个流程其实是他在脑海中为自己设立的、极其个体化的行为规范。他的直觉告诉他这样做是对的。他从未认为这些做法也能为其他人带来好运。因此，这种"迷信"几乎无法被科学检验。直觉总会把现实按照自己的想法进行"编辑"，数学结果对这一直觉性过程能产生的影响相当有局限性。即使这位棒球运动员选择继续机械地遵循这些行为规范，他的好运却在某一天突然中断了，他应该也不会认为他的理论错了，而会对自己的"幸运范式"不再起效而感到遗憾，并且依旧相信它之前确实帮助了自己。

从某种程度来说，这是正确的。临场紧张感对于体育运动来说是一个难以解决的问题。一些仪式能够帮助人们提升安全感。人们会突然发现自己面对巧合不再无助，并且有能力掌控自己的命运，这是有好处的。如果触碰队服和千篇一律的午饭能够让棒球运动员更自信地上场并且在掷球时不手抖，那么这些规律确实是有其可取之处的——只不过这些规律本也可以以任何其他形式呈现。例如，用在比赛前为家园被破坏的企鹅捐款代替嚼口嚼烟。这样，他的仪式除了安慰剂作用之外，还带来了一些实际效果。

鸽子的迷信：并非都有关联

幻想出各种规律的做法虽然听起来非常幼稚且无用，但这其实是人类的天性。日本心理学家小野光一为此做了一个有趣的实验：在一个装有3个操纵杆和1个显示屏的房间中，20位受试者被要求提高显示屏上的积分，但他们并不知道应该如何实现这一点。于是，他们尝试以不同的顺序以及不同的操作时长来操作这3个操纵杆。不时有提示音响起和灯光闪烁，之后显示屏上的积分就会增加。

很快，大部分受试者都得出了一个能够在这个游戏中获胜的策略。一名受试者得出的策略为：连续多次短促地按手柄后，再长时间按住它。另一名受试者认为：不一定要握住操纵杆。他只是把右手放在操纵杆的边框上，提示音便响起，他得到了1分。受此启发，他爬上桌子并把右手放在显示屏上，又得1分。为了提高分数，他逐渐把房间里各种不同的物体都触摸了一遍。10分钟后他从桌子上跳下来，又有1分入账。他便继续蹦跳，直至筋疲力尽。

事实上，无论是操纵杆，还是在房间里来回蹦跳，都不会对得分产生影响。操纵杆和显示屏没有任何联系。分数会按照某个给定的程序自动地时不时增加，和受试者的行为模式毫不相干。然而，每当得分，受试者就会认为是他们的行为导致了这一结果，从而继续重复行为。这和上文那位在某次获胜的比赛之前正好喝了冰茶、吃了金枪鱼三明治的棒球运动员的行为有异曲同工之妙。

从某种意义上来说，这是智力开化的体现。我们被设定为要去识别事物的行为模式，寻找它们之间的关系。这往往能带来好处。如果一个人把灌木丛中的簌簌声和紧接着老虎的现身建立起联系，那么他也许能及时地保护自己。如果人们把夏季的暖意和他们这时总能在下游找到很多甜果的记忆联系在一起，他们就不会饿着肚子入睡。而问题在于，我们在识别事物行为模式的时候总是非常具有跳跃性。如果一辆列车在某个周五几乎满员，我就会认为："唉，这趟车在周五就是坐满人的。"我从单次的观察中推导出了一种规律，尽管它可能只是一个巧合。这种"脑洞大开"地建立联系的做法在进化史中得到了检验。似乎对生命体而言，即便事实无外乎纯粹的巧合，尝试建立一些规律也比对一些有可能实际存在的联系视而不见要好。

这种跳跃性总结规律的做法并非人类特有的属性。早在19世纪40年代，美国心理学家伯尔赫斯·弗雷德里克·斯金纳（Burrhus Frederic Skinner）用鸽子进行了一项实验。这项实验和小野光一的实验十分相似。他把饥饿的鸽子和一台饲料投放机一同放进笼子里。这些饥饿的鸽子看起来和正常的鸽子没什么两样。它们漫无目的且毫无规律地来回走动，或者绕圈走，抑或啄笼子的底部。但是，如果它们得到了机器投放的食物，它们就会立刻建立起自身行为和食物奖励之间的联系，尽管实际上无论鸽子做什么都不会对机器产生影响。

斯金纳很乐意给他的学生展示这个实验。他带着透明的玻璃盒走进教室，盒子里面是鸽子。随后，他用一个大厚纸盒将玻璃盒盖住。在这堂课结束时，他会把纸盒一掀，学生便可以观察此次鸽子随机学习了哪种奇怪的动作——点头、啄地、扑棱翅膀，这些都有可能。

《鸽子的迷信》（Superstition in the pigeo）是斯金纳著名的论文，他在其中讲述了这项鸽子实验。人们可以很容易地联想到，以这种方式产生的不只有运动员为了赢得棒球比赛而形成的仪式，普遍得到承认的社会传统和仪式都是如此。人们跳了一次祈雨舞，第二天果真下雨了——人们就有充分理由在干旱时跳祈雨舞。

如果没有下雨，他们就会认为：这是因为跳得还不够多，必须反复跳舞直至感动上天，最终才会降下甘霖。他们依然可以捍卫祈雨舞理论。

虽然这听起来一点儿都不理性，但它不一定会造成麻烦。只要这些仪式并不让人反感，那么它就允许被带有些许非理性的色彩。我们也不应总是以过于严肃的态度对待这些习俗与习惯。

我坚持每十分钟就给烤箱里的鸡肉刷一次橄榄油，因为我一直都是这么做的，并且每次成品的味道都很不错。要是我从未尝试过别的做法，怎么才能知道美味的原因是不是橄榄油呢？在冬天，我每天都会吃一个橘子，因而我在去年流感最严重的时期能够保持健康。这也许不完全是巧合？祖母说红酒渍要用白酒来清洗，想必是用清水洗的时候没有这么好的效果吧？在诸如此类的规律中，有些背后或许藏着真理，但有些是不是和斯金纳的那些鸽子学会奇怪的行为没什么两样呢？

一旦迷信的行为成为我们的负担，或者给我们带来了真正的危险，就成为迫切需要解决的问题。如果某个习俗要求我们为了安抚雨神而屠宰掉自己饲养的一半山羊，并在山顶将其焚烧，这就是危险的习俗。如果棒球运动员在比赛的前几天里，每分钟都要按照条条框框做事，以至于无法进行正常的社交生活，那么他需要一些帮助。如果核电站的报警器突然开始啸叫，安全主管却跟我们说根本不会有事，因为他今天穿了幸运内裤。这可不会让我们开怀大笑。无论我们的直觉多么准确，但仅凭它我们是无法正常生活的。

风险不是恐惧心理

生命只有一次。当事关性命时，我们的直觉却不足以对其做出正确的评估，这是极其令人恼火的。风险大都和巧合有关。没有人能够准确预测一名老烟枪会不会罹患肺癌，但他的患病率无疑比不抽烟的人高得多。如果到处潜水，就有出于巧合而被鲨鱼吃掉的风险；如果到处登山，那么就有出于巧合而坠崖的风险；如果去其他国家旅游，那么就有出于巧合染上当地疾病的风险。然而，如果有人排除了所有可能的风险，那么他"度过极其乏味的一生"的概率应该会接近100%。人生本就是一场充满风险与副作用的游戏，我们必须承认这一点。

值得注意的是，我们正确判断危险的能力非常差。许多人都害怕被鲨鱼袭击，尽管他们身处一片从未出现肉食性鱼类的安全沙滩上。

几乎没有人会觉得胳膊夹着游泳圈，脚上穿着沙滩拖鞋，高高兴兴、蹦蹦跳跳地横穿沙滩附近的马路有问题。事实上，行人因为撞到汽车保险杠而骨折的风险比被吞进鲨鱼的肚子里高得多。然而，我们的恐惧很难被数据和统计结果影响。我们应该意识到，只有对理应被恐惧的事物怀有恐惧，并规避真实存在的风险，才能提升存活的概率。这正是人类能在物竞天择的自然规则下存活至今的关键优势。可以想见，在未来的某个时刻，进化会本能地孕育出一种非常理性的风险应对机制——不过可能还需要一些时间。

即使是聪明人也会在评估风险时发生严重的错误。例如，在美国许多学校开展过的著名的"石棉清理"运动。有段时间，石棉常被作为防火材料投入使用。但研究表明，吸入石棉纤维会导致肺部疾病，重者甚至可能导致肺癌。因此人们决定对大量的学校展开石棉清理。孩子被送回家中，然后工人将学校里的石棉全部去除。然而，人们在更仔细地研究了数据后发现，一般的石棉浓度几乎不会引发任何疾病。与之相对的是，每年许多儿童因为事故而在家中或在街道上意外身亡。因此，为了孩子的安全，与其让他们在石棉清理期间在家附近的街道上玩耍，不如让他们去学校冒一些轻微的"石棉风险"。

在2001年9月11日的恐怖袭击事件中有4架飞机坠毁。其中两架以恐怖的姿态撞向世贸中心的双塔。在此之后一段时间里，美国乘飞机的旅客数量有所下降，因为许多人担心还会发生恐怖袭击事件。这就意味着，他们得选择其他的交通工具。

私家车出行有所增加，尤其是当人们要出远门的时候。随之而来的是因为交通事故而死亡的人数有所增长。心理学家格尔德·吉仁泽（Gerd Gigerenzer）的统计结果表明，2001年10月至2002年9月，美国道路交通事故的死亡人数增加了1600例，正是因为许多人对风险做出了错误的判断，不去坐飞机而选择了汽车出行。因为害怕坐飞机而选择汽车造成的死亡人数要比当初乘坐发生意外的飞机的人多得多。

在飞机上我们非常依赖别人，而开车的时候我们可以说服自己："我们对局面有把控能力。"因此我们觉得更安全。这是人之常情，但在统计学的角度是错误的。那些为安全起见给自己购置枪械的人也犯了同样的错误。人们听说了可怕的入室抢劫事件，便购买了手枪，以保护自己和家人。但结果清楚地表明，这样做并不会让我们的家人更安全，反而让他们更危险。可能偶然有人成功用枪击中了逃跑的劫匪，但对我们的安危而言，逃跑一定先于和一个携带武装的危险罪犯陷入械斗。此外，即便没有外来闯入者，家中留有武器有更大的可能性会引发不幸。统计结果表明：有武器的家庭出现自杀、致死性事故和家庭争斗的可能性比没有武器的家庭高得多。比起拿起武器保护家人，拿起武器杀害家人的可能性更高。

如今，我们在被灌输了各种各样的恐惧——恐惧辐射、恐惧蔬菜里的农药、恐惧水里的化学成分。探讨这些卫生安全事件肯定有好处，毕竟我们都想保持健康。但我们往往对一些报纸上煽风点火的加粗标题不进行深究。它们到底是真正的风险，还是一件在统计学上无关紧要的事呢？即便人类历史上最健康、最无污染、最天然的苹果也包含会导致健康问题的物质。这是自然的规律，它涉及的是"剂量"问题。

没有人想去辐射极高的核反应堆里洗澡或者用农药给自己的黄瓜沙拉调味。世上存在着许多能够提高患病概率的化学物质，并且这是理所当然的。然而，通常微量的物质只会引起极小的反应，甚至完全不会引起反应。正因如此，人们才会把引起反应的阈值作为规定确立下来，并把低于阈值的剂量视为无风险。当我们在一些煽动性质的文章中读到关于番茄酱、婴儿食品和个性化服饰中的有害物质时，我们不应该立马陷入恐慌，而应该质疑：这真的会带来风险吗？剂量超过阈值了吗？有没有科学依据表明这种剂量会构成风险呢？

你当然可以生气地指出："即使是最小的风险也有必要进一步降低。"但正如选择飞机还是汽车那样，人们在这一点上应该对不同选择之间的实际风险进行比较。如果我为了让人们下调阈值而出门参加游行，我在路上被一块砖头砸到脑袋的风险远高于我本想避免的风险，我最好还是待在家里。当我的恐惧、愤怒和心理压力引发的健康风险远大于我本来害怕的事物带来的风险，那么我最好反思一下我的感受。我们不应该为了进一步降低那些假设性质的、无关紧要的风险而让自己暴露在实际存在的风险当中。

另外，也有一些看起来无关紧要，却有可能导致灾难的威胁。今天，没人能预测气候变化在100年以后会对这个星球上的生命造成何种影响。我们的预测并不完美，我们只是在对一些可能性进行讨论。当然，就我们现在的认知而做出的预测而言，未来的情况并不乐观。气候变暖，人类对此难辞其咎，这在今天看来是毋庸置疑的。沿海地区会被淹没，气候灾害可能会影响农业，引起经济问题。这在接下来会面临的人口迁徙问题中也许还会扩大。疾病可能会肆虐，大片土地可能会沦为不毛之地。问题是，人们并不认为这是让人寝食难安的话题。如果人们想趁办公室喝咖啡的休憩时间挑起热烈的讨论，他们可以讨论转基因动物饲料、人工肥料或者有机苹果。气候变迁话题引起的反响比它们弱多了。

对于具有抗性的病原体，我们思考得更少。因为毫无节制地生产并使用抗生素，我们在不经意间培养出了对许多抗生素产生抗性的病原体。这样的病原体常见于医院里，在那里它们会被更谨慎地对待。但如果具有抗性的病原体在未来某个时刻大规模传播开来，我们却不能找到对付它的有效手段，会发生什么呢？我们将面临可怕的局面，无数人会因此丧命。然而，这一话题从未得到广泛的社会性讨论。

我们担心的从来不是最迫切需要解决的问题。我们试图对抗的也不是统计学意义上最先到来的威胁。我们更多注意到的是那些带有消遣性质的、吸引眼球的内容，我们倾向于忽视自己无法理解的风险。当我们对某些事表达了愤怒，我们的朋友也会表现出同样的愤怒。我们对问题的讨论更多的是一种社会性游戏，我们想以此表达自己对某些群体的归属关系。

我们应当尽快学会科学地、理智地对待风险与恐惧。否则，在未来，人类可能会因为几个不幸的巧合让自己从地球上消失。对人类来说这是十分遗憾的，因为再度出现一个能够建立起文化与科学的智慧物种可能要几百万年的时间。至于新的智慧物种能否拥有对危险、风险和巧合的理性认知，我们就无从知晓了。

人为的巧合，人为的范式

快速从1到20中随机挑选一个数字。一定要快！

你现在在想哪个数字，我不知道。但如果统计很多人的答案，结果将表明，人类是非常差劲的"随机生成器"。如果我们真的随机挑选出从1到20中的一个数字，那么所有数字被选到的概率几乎是相同的。然而，实际的结果与此相差甚远。我们不仅不善于辨别不同巧合的利害，而且没有能力模拟一个真正的巧合。

如果让我们随机说出一个数字，那么我们实际上在挑选一个"不显眼"的数字，我们不会自觉地对它产生特殊的联想。你应该不会选择20这个数字，数字10想必你也会避开，整数在我们来看很难算作巧合。3和7有着重要的文化意象[1]，而13是不吉利的数字，理所当然也不在我们的考虑范围内。这些考虑对一台纯粹的巧合生成器是无所谓的，它选择整数或者不吉利的数字和选择其他数字的概率是完全相同的。然而，人类难以做到这一点。

我来猜一猜，你很可能选了一个奇数——根据经验，奇数被选中的概率远高于偶数。另外，人们非常喜欢选择质数。那么你选的数字是不是17呢？你可以在聚会时试一试：当人们被要求选出一个随机数的时候，17被选中的频率之高相当令人惊讶。

一个数字并不能说明什么。当人们研究更长的随机数时，出现了更有趣的结果。我们可以通过将硬币抛100次来尝试这项实验。如果

[1]　3在欧美文化中有很多含义，比如三位一体；7代表幸运。——编者

是花面则记为0，如果是数字面则记为1。然后找一个人随机写下一串由0和1组成的数列。如果这个人恰好不是一位研究随机数的数学家，那么这串人为产生的随机数列和由抛硬币这个真正的随机事件所产生的随机数列会有很大不同。直觉上，我们会避免由同一个数字组成较长的数列。连续五次出现1？这看起来并不怎么像巧合，我们更愿意在三个1之后写一个0。然而，这种我们不认为是巧合的组合在真正随机的、由抛硬币生成的数列中出现的频率更高。真正的随机事件会时不时生成显眼的范式，我们避免这种显眼的行为本身就是"显眼"的。我们尝试去生成能够避免被我们自身识别的范式，反而导致我们不能成为真正的随机生成装置。

$$? \quad \begin{array}{l} 0111001001110 1 \\ 1000110101011 01 \\ \rightarrow 111110101101001 1 \\ 010001011101101 \end{array}$$

在这一点上还有一些非常有趣的实验。不同的人被要求写下从1到9组成的随机数列。通过统计学方法分析，结果同样表明，人们不喜欢重复数字的出现，在人为产生的数列中接连出现两个一样数字的概率明显低于真正的随机数列。受试者为了不出现重复的数字，会让下一个数字比前一个多1或者少1。因此研究者只需了解受试者已经写出的一些数字便能很好地预测下一个出现的数字是什么。在2012年的一项研究中，20位受试者被准确猜对下一个数字的概率普遍超过35%，对于一些尤其容易被看穿的受试者，这一概率甚至能达到45%。这听起来可能不那么具有说服力，但在随机数生成器参与的实验中，猜对下一个数字的概率只有11%。

值得注意的是，我们在人为生成随机数列时总是会无意中夹杂非随机的倾向，这种倾向因人而异。我们可以在计算机上研究这些数列，并且用统计学方式确定每名受试者的"倾向指纹"。如果我们再来看两组数列，一组的作者是我们研究过的一名受试者，另一组的作者是一名全新的受试者，我们能非常准确地说出哪一组数列属于之前的那位受试者，其准确率高达88%。我们如果想要制造一个随机事件，就会以个性化的、带有鲜明个人色彩的方式让它变得不那么随机。

反之，我们也有在纯粹的巧合中识别某种范式的倾向。在我们的感受中，纯粹的巧合总是不按常理出现的。我们建立了一个由七位"我们最喜爱的歌手"组成的歌单并按下"随机播放"键。我们有时会惊讶地发现，我们连着听了三首来自同一位歌手的作品。我们会抱怨这个随机歌单没有起作用，抱怨歌单没有像面糊和酱汁混合在一起一样，被"搅拌均匀"。在一个随机生成的歌单中确实会出现连续三首歌都来自同一位演唱者的情况，这在统计学上是完全无法避免的。

一些软件开发商对此做出了回应，他们会有意地把程序设定为禁止连续播放同一位艺术家的作品。人为地让歌曲的选取变得不那么随机，然而让人们感觉它变得随机了。尽管如此，但几乎所有的随机歌曲排列总能让我们找到某种规律，比如会连续播放5首悲伤的歌曲，7首歌全都具有三种相同的吉他和弦，或者许多歌曲都来自20世纪80年代。我们总会找出某种规律来。否则，我们面对的将是一个出奇均匀且没什么特点的随机歌单，而这对我们来说就是一种惊人的规律。

我们在观察股市行情的走势图时，能识别出其重复的结构。我们在看火星岩石的照片时，会联想到眼睛和嘴巴。我们在欣赏夜空时，会自动把天上闪亮的小点拼成星座图。所有的范式化事物并不是我们周遭世界的固有特征，而是产生于我们脑海中的联想。这不一定会妨害我们的生活，但我们应该注意，不要赋予这些范式它们本身并没有的神秘色彩。

第九章

关于赌博：玩家绝不是赢家

轮盘赌博的预测装置、大数定律和科学的彩票玩法

——谁能理解巧合，谁就是最终的赢家。

　　轮盘上有 37 个数字。荷官转动轮盘，小球开始在数字轮盘上转圈。它疯狂地来回跳动，最终落到写有某个数字的凹槽里。周围异常紧张的观看者或兴高采烈，或紧闭冰冷的双唇，独自吞下失败的苦果。然而对赌场来说，结果如何完全无所谓。因为长远来看，赌场总是赢家。

　　赌场是一个独特的场所。在我们能接触到的大部分领域中，我们都会注重可预见性，并且尽可能地避免风险。保险行业之所以存在，正是因为我们想要通过支付一些费用避免被巧合带来的后果影响。我们缴纳了保险金，于是保险公司承担了我们的风险。但是在赌场，事情恰恰相反，我们花钱是为了提高风险。通常，我们希望给巧合性施以枷锁。但在赌场里，我们刻意人为制造巧合，并有意识地让巧合恣

意发展。在赌场里，人们寻求不确定性带来的刺激，但会为他们停在外面停车场的昂贵汽车上好保险。本质上，没有人愿意承担风险。

人为制造巧合事件有许多种方式。轮盘赌博便是其中之一。对赌场来说，重要的是要保证所有轮盘产生的确确实实是随机结果，而不是有隐藏规律的数列，从而让人有机可乘。人们可以用数学的方式对随机生成的结果进行研究，比如计算并验证所有数字出现的频率是否相同，或者分析并查明在多个独立结果之间是否存在统计学上的联系。下一个随机事件的出现概率绝不能与任何一个已经出现的随机事件有关联：轮盘赌博中连续5次出现的红色不会对下一回合中红色出现的概率有任何影响；在某一天晚上出现的第3个随机数和第71个随机数不会有任何统计学意义上的关联。如今，人们可以在计算机上进行这些测试，一个做工精良的轮盘能够经得起所有测试的检验。

但这并不意味着轮盘是一个完美的随机生成器。尽管它生成的结果在数学意义上符合一切有关随机性的标准，但通过一些技术手段人们仍然可以"骗过"轮盘。20世纪70年代末，来自加利福尼亚州的一群大学物理系学生就是这样做的。计划很简单：如果对轮盘上小球的运动进行测量，人们大概可以预先算出小球会撞击轮盘上的哪个位置。尽管小球会来回反弹，但根据经验，它不会离这个位置太远。只要在小球还在转圈的时候能够迅速对其在轮盘上的撞击点进行预测，就还来得及对符合的数字进行下注。

多年来，这支队伍一直在研究轮盘上小球的运动轨迹。他们开发出一套计算机程序并最终打造了一台能够对小球轨迹进行预算的电子仪器。一位观察员细致地关注轮盘的转动以及小球的轨迹，并用脚趾把数据输入一台藏在鞋底的自制微型计算机。在此基础上，微型计算机计算出轮盘的哪片区域有最大的获胜概率，并将信息通过无线电传到另一个人衬衫下面的振动仪器上。这当然会产生误判，让他们经常押到错误的数字上，但无伤大雅。这种方法提升的一点儿胜率足以让他们长此以往从赌场那里赚到钱。

不过也发生过一些事故，比如说电器漏电以及振动仪器过热导致烧伤。但总体而言，这种方法非常行之有效。尽管如此，但这些试图骗过轮盘的人并没有富起来。他们赚得的几千美元和为这个计划投入的时间完全不成正比。从专业、技术的角度来讲，能够预测轮盘赌博本就是一项很厉害的成就。团队成员J.道恩·法默尔（J. Doyne Farmer）后来成为牛津大学的数学教授，继续对复杂系统的预测方法进行研究。

然而，这个团队之所以能够"骗过"轮盘，可能只是因为它还不够混乱。如果以非常相似的方式让轮盘旋转两次，并且让小球以极其相同的方式运动两次，我们虽然没有办法保证两次出现的数字一定相同，但这种情况发生的概率无疑会大幅提高。而乐透和轮盘赌博则完全是两回事。乐透机里的小球跳跃得太激烈和混乱，从而使我们难以预测，即便我们确实每次都能选择完全相同的起始条件，但每个数字出现的概率基本上仍然相同。因此，为了预测结果而在乐透机运转后对小球的运动进行测量完全没有意义，就算使用世界上最好的计算机可能也无济于事。

我们往往乐于使用赌场中这些简单的、机械的随机装置。在物理学中也有许多有意思的随机现象，比如通过电阻的电流并不完全恒定。电子在电阻中的随机运动会产生异响，其具体效果则视温度而异。借助特定的电路，我们可以将异响转化为随机数列。这同样也适用于环境中的一些异响，比如当我们把收音机调到错误的频率上而产生的噪声。原则上，以上所有的现象都可以作为赌场中的随机装置。

也许有人会争论，物理学中的随机现象能否严格地彼此区分，比如电阻中的异响和乐透机中小球的来回跳跃是否有本质上的不同，或者混沌理论中的随机巧合和量子力学的随机巧合是否有本质区别。实际上，这些争论结果如何都无所谓。赌场经营者不会被这类问题困扰得夜不能寐。但如果赌场老板认为量子力学能提供更好、更有效的随机数，现在存在量子事件随机生成器供他选择和购买。例如，盖革计数器可以记录放射性原子衰变。这种衰变从物理学角度来看是完全不可预测的，因此盖革计数器能够提供完全随机的一系列测量数据，并且将其转换为随机数列。其他的随机生成器则基于量子粒子有波长的特性。例如，让光子穿过一面半透明的镜子，光子是穿过玻璃还是被反射完全是不确定的。光子可以像波一样分散开来，并在两个可能的路径上同时移动。只有当我们对光子的位置进行测量时，它的位置才被确定下来。它要么已经移动到了镜子的背面，要么还停留在正面——结果是完全随机的。我们想象不出比量子测量结果更随机的随机数。

有趣的是，如今人们经常用计算机来生成随机数。这其实是非常违反常理的，因为计算机程序根本就是随机的对立面。它在大多数情况下都通过可预测性方式，按照具体清晰的规则来解决事先给定的任务。但通过事先给定的清晰的数学程序生成的数列可以通过所有随机性测试，即所有数字出现的概率相同，且数列不存在可验证的、统计学意义上的规律。尽管如此，但计算机生成的随机数列严格来说并不是随机的。如果让随机数生成程序多次运行，它生成的数字其实都是重复的。这样的数据往往被称为"伪随机数"。

例如，我们想在0和1之间取一串随机数，那么总会有一个开头数字——比如0.37。然后，我们再随机选一个数字，比如17。我们用它来将随机数列延续下去。我们把0.37和17相乘，得到6.29。但我们要的是0和1之间的小数，那么把小数点前的6去掉，将小数点后的数字视为新的随机数，即0.29。我们将0.29再乘以17，取小数点后的数字，得到0.93。继续套用公式，我们得到0.81、0.77、0.09。这样，我们得到了一串看起来非常随机的数列，但它是由一个清晰且可以让人理解的公式计算出来的。这种方法的核心问题在于，它并不是随机地给出许多数字。如果我们在未来计算出的结果和之前某次的数字重合了，那么按照计算逻辑，接下来得出的数字就会与之前出现过的数字重复。整个数列便会开始循环。

如果有人想要无穷多的随机数，可以直接用那些无限不循环小数的小数点之后的数字，比如 π。这一点已经得到了数学上的证实。我们可以把 π 小数点后面的数字排列起来，得到一串无穷无尽的由0到9的数字组成的数列。就我们对 π 的现有认知而言，这个无穷的数列没有任何可被辨识的规律。我们可以对 π 的小数点后几百万位数字进行统计学研究，最后会得出结论：所有数字出现的概率完全相同，完全符合人们对随机数列的预期。我们可以认为，我们能想到的任意数列都会在 π 小数点后的特定位置出现，我们只是需要足够长的时间去寻找罢了。无限进行下去的掷硬币和乐透抽奖可能也是这样，任何可能的数字组合都会在某个时刻出现。

我们还可以把 π 小数点后的数字转换成字母，并在其中寻找有意义的词句。其中一定有一段数字，转码过来会显示"阅读这段文字的人是傻瓜"。也许某一段数字可以转码成这本书中所有的内容，只不过没有人愿意在天文数字之多的随机字母组合里找到一本书的内容——写一本新书比这省力气多了。

然而，没有严格意义上能够说明 π 小数点后面的数字确实拥有随机属性的证据。对赌场随机生成器的制造者来说，这也完全无所谓。因为没有哪个赌场老板会购买一台结果纯粹建立在数字 π 之上的机器。而对那些认识到了这台机器和数字 π 具有潜在关联的人而言，这台机器最终就变得完全可预测。数字 π 当然是一个独特的数字，但它并非随机的产物。

但如果数字 π 通过了数学上的随机性测试，那么我们到底怎么才能区别 π 小数点之后的数列和一个真正的随机数列呢？俄罗斯数学家安德雷·尼古拉科维奇·柯尔莫哥洛夫（Andrei Nikolajewitsch Kolmogorow）为此引入了一个标准，即柯尔莫哥洛夫复杂性。一个有序数列的柯氏复杂性为能够生成这个序列的最短计算机程序的长度。

一组按照某种简单规则建立的数字序列能够由简短的程序生成。要想生成序列"101010101010101"，我们必须对计算机下指令："先输入1，再输入0。然后从头开始重复。"数字 π 的柯氏复杂性也非常低。因为它可以按照圆的周长和直径的比来定义。用计算机计算 π 有许多方法，这些方法都不需要冗长的程序。

如果一组数字序列没有任何有意义的、有逻辑的构建规律，除了把它完整地写出来就没有更简单的方法了，那么对这个数列的最简短描述便是它本身。这个数列的柯氏复杂性便是它自身的长度。在这种情况下，无论我们花费多长时间去分析这些数字，也绝不可能发现规律。如果柯氏复杂性达到了最大值，即便我们掌握了数列中的许多数字，想要推断出数列接下来的走势依然是完全不可能的。由轮盘生成的数字正是具有这种特性。

大数定律：不是数值，是概率

尽管如此，但总是有人试图在赌博时找寻隐藏的规律。存在这样一种广泛传播的观点：长期没有出现过的数字必定会出现一次。这当然是错误的。对随机事件来说，之前的一千次开奖情况都不会影响它。它既没有意识也没有记忆。

这种观点的背后隐藏着一个被人误解的数学定理：大数定律。它关注的是被重复很多次的随机实验。各种结果之间比例将在某个时刻，即在很多次的重复之后，与其本身发生的数学概率几乎完全吻合。根据数学计算，一个人在掷硬币事件中获胜的概率是50%，如果他投掷的次数越多，获胜次数的占比就会越接近50%。如果不同事件的发生概率相同，比如说掷骰子或者轮盘赌博，那么在多次重复后我们应该可以确定：所有结果的出现频率是差不多的。

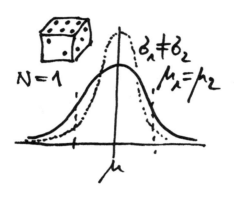

但问题就在"差不多"这几个字上。我们如果分析过去10年的乐透中奖号码，就会得出结论，这些号码的出现概率并不完全相同。如果迄今为止出现频率最高的号码比最低的号码多出现了112次，那么根据大数定律，两者出现次数的差距在接下来会缩小吗？不，甚至答案恰恰相反！如果乐透抽奖在接下来的500年里继续举行，这两个号码出现次数的差距将继续增大。

例如，如果掷10次硬币，我估计会赢5次。但如果我赢了3次，也是正常的。现在，我们把实验次数乘以10。如果投掷100次中我只赢了30次，许多人会感到惊讶。我们再乘以10。如果在投掷1000次中，我只赢了300次，人们就会怀疑硬币是不是有问题。在这个例子中，我猜对的概率一直都是30%，但它应该越来越接近50%才对。又如，在投掷100次中，我猜对了46次——50%来了。但在投掷1000次中，我猜对了487次。46次与理想的结果只差4次。而在投掷1000次的实验中，487次比500次少13次。数值上的绝对偏差增加了，但猜中的概率和理想的概率是十分接近的，而后者才是对大数定律正确的理解方式。

高风险，高回报

没有人能骗过随机。但有时我们可以对自己将要面对的风险进行抉择。在轮盘赌博中我们可以选择通过小概率来博取大收益，或者通过更大的概率来博取小一点儿收益。如何尽可能地平衡两者是由个人喜好决定的。

喜欢冒险的人会把所有钱押到1个数字上。包括0在内，轮盘上共有37个数字。获胜概率就是1/37。虽然概率不大，但如果押中了正确的数字，就能获得赌注36倍的回报。这算得上公平。在相同的赔率下，如果轮盘上只有36个数字，那么长期来看无论是赌博者还是赌场都不会获利。正因为有37个数字，所以平均有1/37的赌注会被分给赌场。实际上，押在赌桌上的每1元都只值大约97.3欧分。不仅给数字下注时是这样，而且"押黑"或"押红"[1]时也是这样。押颜色时，你

---

[1]　在轮盘赌博的37个数字中，除数字0之外的数字一半被标记为红色，另一半被标记为黑色。——译者

的获胜概率变大，但收益会减少。总体而言，每一回合你都会损失1/37的钱。

要想确保自己站在胜利的一边，就需要对每一个数字都下注，包括0。其中的一注可以确保你的胜利，但你会输掉其他的赌注。结果是显而易见的，相当于你烧掉了1/37的钱。这当然是小钱，但用这1/37的钱，你无疑还可以找其他的乐子。

有一个可以充分利用风险和盈利之间关系的有趣可能性：鞅。它是一种著名的轮盘赌博机制。赌博者先投入一笔小数目的赌注，押红或押黑都可以。如果他赢了，就开心回家；如果输了，就投入双倍的赌注，不断重复这一行为直到赢了为止。

假设我们从50元开始，连续输了4次。那么我们已经输了50+100+200+400，共计750元。第5回合里我们必须再次翻倍，投入800元。幸运的是，我们赢了。我们赢得了800元，赚回了我们在前几回合投入的所有钱。我们可以为50元的利润而感到高兴，但这只是我们在第一回合的赌注。

我们可以通过对赌注不断翻倍来确保自己回家时有利润进账，只要赢一次就行。毕竟没有人会一直输下去。如果有人一直押红色，那么红色总会出现，这在统计学上是不可避免的。只要出现了，我们便能赢回之前所有的投入。

这听起来是一种非常固定的系统，但它当然有其困难之处。如果每次都要把赌注翻倍，那么我们很快就会面临极高的金额——我们得承担得起它。我们必须带上足够多的钱，才有能力在输了多次的情况下还能对赌注进行多次的翻倍。没有人拥有无限的资金储备，在鞅机制里始终存在一些会造成灾难性损失的小概率事件。赢的概率很大，但与出于安全起见必须带够的资金相比，赌局的收益确实不大。

鞅有点儿像乐透的对立面。在乐透中，人们拿少量的钱去购买赢得大奖的渺茫机会。在鞅机制里，人们用很多的钱去确保大概率能赢的局面，但只能获得少量的收益。总的来说，鞅机制是不划算的。正因为它的存在，所有赌场都设置了不允许任何人超越的最高赌注限额。

一千个人眼中有一千种金钱效益

判断一场赌博游戏对自己是否有利，我们一般会计算期望值。这并不难。假设我猜对了投掷硬币的结果，有人就会给我10元。我拥有50%的获胜概率，把概率与我预期赢得的10元相乘，我在这场游戏中的期望值就是5元。只要我的付出不超过5元，参与这个游戏就是有意义的。

把期望值作为标准在许多情况下都是十分有益的。成功的扑克牌玩家就会这样做——他们不是头脑发热的赌徒，出于寻求刺激的心理，即便一手烂牌也要装腔作势；他们是冷静的计算者，准确地思考获胜的概率，以及他们需要押上的赌注。

然而，也存在这种思维方式不适用的情景。想象一个这样的运气游戏：一直抛掷一枚硬币，直到它花面朝上。如果第一次投掷的结果就是花面朝上，那么很不幸，你得不到任何东西。但如果第一次是数字面朝上，那么你会获得1元并可以继续投掷硬币。之后只要结果是数字面朝上，你的收益都将翻倍；只要花面朝上，游戏就会结束并对你的收益进行清算。对于"数—数—花"这一结果，你可以得到2元。出现"数—数—数—花"的结果，你可以获得4元，以此类推。按照这个规则，你可以获得一定数额的收益。然而，获得高收益的概率十分小。那么，你愿意为参加这个游戏花多少钱呢？

我们如果对这个游戏的收益期望值进行计算，就会得到一个奇怪的结果：有50%的概率我们什么也得不到，25%的概率获得1元，12.5%的概率能够获得2元……我们必须把一个无尽的概率序列相加。尽管花面最终会在某个时刻出现，但这个游戏的收益期望值是无限大的。

如果我们的决策全部由期望值来决定，那么在这种情况下我们应当激动地把所有的财产交出来，此外还要向银行借贷最高的金额，只为了能够获得参与这个游戏的机会。于是，我们会背上沉重的负债，大概率什么都拿不到，最多只赢几元便打道回府。尽管如此，根据期望值理论，我们还是应该这么做。

当然没有人会这么做。几乎没有人会出天价只为能够参与游戏。显然，收益期望值不能代表一切。这一现象被称为"圣彼得堡悖论"。但如果我们更细致地研究这个悖论，就会发现它一点儿都不矛盾。

我们可以这么想：只有真的能在游戏中赢得无限的钱，收益期望值才能是无限大的。然而，世界上既不可能有无限多的钱，也没有哪家赌场能够兑换无限多的钱。因此，从数学角度出发，圣彼得堡悖论并不存在矛盾。

我们必须考虑到，效益取决于一个人已经拥有的金钱数量。对一名破产的人和一名拥有100万元的人来说，金钱的效益是不一样的。对一个拥有数十亿身家的富豪而言，他也许根本意识不到从前天到现在有100万元进账或亏损。我们不应计算在一场赌博游戏中预期能赢到的钱数，而应该考虑这些钱对我们而言的效益是怎样的。

不仅钱是这样的，所有其他事物都是如此。如果有人送给我一板巧克力，我会很开心。但如果在我的书桌里已经有10板巧克力，那么我在获得第11板时就没有获得第1板时那么开心。如果我的所有抽屉里都装满了甜点，然后有人把一手推车的甜点倒在我家门前，那么我大概率会有点苦恼，而不会感到开心。我甚至会付钱请人拿走一点儿巧克力——随着数量的增加，效益会降低，甚至会产生负面效应。这一点不足为奇，但人们往往不会把这个规律和金钱联系在一起。

金钱所带来的效益因人而异。对一些人来说，买私人飞机是因为它能够带来情绪价值。对另外一些人来说，在负担了一处住所和不错的饮食后，额外收益带来的效益就会显著下降。要是我们能够将金钱的效益用数学公式表达出来，圣彼得堡悖论便能被破解。效益期望值将取代收益期望值。人们便可以计算出，为了参加掷硬币游戏他们出于理性考虑应当投入的金额。

金钱的效益是很难明晰的。但我们每个人拥有的钱越多，额外收益带来的效益就越小。我们在进行职业规划或讨论顶层富豪的税率时必须考虑到这一点。

一切都需要理性，买彩票也是

乐透丝毫不需要我们进行复杂的计算，得到收益期望值。我们要做的唯一事情是向乐透公司问清楚，他们总收入中的多少会被分到奖金池中。在奥地利和德国，比例一般是50%。一半的收入会进入奖金池，因此收益期望值通常是你购买彩票要支付的价钱的一半。而轮盘赌博每个回合的收入期望值是36/37乘以你的赌注，即你会丢失1/37的赌注，与之相比，乐透不是特别好的选择。然而，我们在一个晚上能参加很多回合的轮盘赌博，也就意味着失去金钱概率更高。

我们无法提高乐透中奖的概率——每次的中奖概率都是相同的。因此许多人相信，每次都买彩票最终会达到收支平衡。这并不正确。不过，我们可以以比较聪明或不那么聪明的方式来买彩票。在1999年4月10日这一天，德国的乐透中奖号码是2、3、4、5、6和26，只要是彩票上有1到6连续6个数字的人都可以庆祝他们选中了5个号码——超过38 000人选中了。但每个人的最终收益连200元都不到。那些押注在简单、有规律的数列上的人会和许多人平分奖励。此外，偏爱几何图案（比如对角线）的人也特别多。我们在购买彩票时最好避开相关的号码。还有一些人喜欢选择与生日相同的彩票号码。那么选择号码大于31的人如果中奖，就有更大的概率独吞所有奖金。最后，等待累计奖金也是比较理性的选择：每一注的成本保持不变，但奖金有所增加。[17]

有人每次都买相同号码的彩票，这是无可非议的。但是，如果有一天中奖的恰好是这些号码，他却没有参加这次抽奖，会怎么样呢？他会终生指责自己因为太懒，没有去买彩票，从而错过了这次最好的获奖机会吗？

这种情况下，一些物理知识可以帮助抚平他受伤的心灵：乐透球的选取是混沌系统的范例。即便是出口位置的微小变化也会对乐透的最终结果产生极大的影响。在我们决定下注那一刻，在我们推开彩票销售处的大门时，无数的空气分子可能被打乱了；我们在选号码时可能产生了某种振动；在我们付钱时，硬币的摩擦在极小的程度上提升了温度——我们的决定将以各种不可知的方式影响世界。而这次，他是否去购买彩票这件事则恰巧有着决定性影响。这些极小的变化都可能会使乐透机最后吐出其他的乐透球。如果我们恰巧买了这期的彩票，那么结果很有可能完全不同。不去购买彩票的决定恰巧导致中奖的是这些号码。因此，完全没必要对此感到生气。[18]

实际上，所有的想入非非只是没有实际意义的消遣罢了。无论如何，我们都没有机会有意识地干涉事实的发展。那么，我们的行为是否会影响乐透球也就完全无所谓了。我们选中的号码究竟能让奖金增加或者减少，在大多情况下也是无所谓的。因为无论怎样，我们极大概率绝不会赢得头奖，更何况乐透中奖的概率几乎为0。

尽管如此，我们仍然可以将乐透视为一种有意义的存在。伴随肾上腺素飙升和腹部紧张的抽搐感，人们紧盯着电视里的疯狂跳跃的小球，祈祷乐透机最终吐出的是自己之前选取的号码。如果这个过程中让他们感到快乐，那买彩票就是个不错的消遣活动，尽管他们不会赢得任何东西。

通过购买彩票来实现"一夜暴富"绝对不是聪明的想法。如果买彩票只是为了让自己在开奖前短暂地沉浸于幻想之中，幻想自己会用这么多的钱做什么，这也许还有一点儿意义。和既生又死的薛定谔的猫一样，在开奖前拿着彩票的我们就是"薛定谔的百万富翁"，这张彩票的价值直到乐透机随机抽取出小球的那一刻才会被确定下来。这无可非议。

但我们也要时刻意识到，赌博是非常危险的。赌场里不仅有手拿鸡尾酒杯、闲适地把玩筹码的纨绔，还有孤僻的赌棍，在绝望中战战兢兢地把最后一枚硬币塞进机器，寄希望于能靠孤注一掷把失去的金钱赢回来。之后，他回到家，告诉家人自己又输了个精光。虽然乐透不会轻易导致毁灭性后果，但我们也要注意，要把成本尽可能地保持在较低的水平上。

如果我们真的只是想体验感官刺激和做百万富翁的白日梦，那么只要下注的次数多于一次，事情就失去了意义。毕竟，接受刺激和做梦去电影院也能实现。即使我们买了很多张彩票，虽然概率有所提升，中奖的希望也仍然十分渺茫。我们付出了双倍的成本，却不会获得双倍刺激，脑内播放的"百万富翁小剧场"也不会带来加倍的快乐。

第十章

因巧合而生病，因巧合而健康

产房里的危险、安慰剂效应和卢尔德的圣母像
——健康往往取决于人的幸运程度。
真正的医学始于巧合被排除的那一刻。

维也纳综合医院曾经出现令人心碎的场景：绝望的临产孕妇跪地乞求离开医院的第一产科。因为完成分娩的孕妇都开始了高热不退，几乎感受不到她们的脉搏。尽管如此，她们仍用微弱的声音辩解自己是健康的。她们之所以这么做，只是因为想要逃避这里的医疗救治。在这里，19世纪中叶的维也纳皇家国王综合城市医院，所有的女性都是按照现代医学的基本章程施治的。

当时，医院里有两个产科。第一产科里有正在接受培训的年轻医生和医学生。值得注意的是，这里的产妇死亡率尤其高，为5%~15%。最糟糕的时候，产妇死亡率甚至超过25%。她们出现高热，伴随腹部剧烈疼痛与炎症，最后死于坏血病。当时，这种疾病被称为"产褥热"，没有人说得清是什么导致了它。而为什么恰巧是在这家著名综合医院的第一产科里如此频繁地出现这种疾病，人们更无从得知。因为巧合，人们没有办法对这种频繁出现的现象做出解释。令人同情的维也纳下层社会女性常在临盆时来不及赶到医院，只能在外面的巷子里完成分娩。即使是这些产妇，她们的存活概率也高于那些住院的产妇，甚至住院的产妇还会接受声名在外的克莱恩教授的医治。

一时间，流言四起。这看起来不像是病人与病人之间的直接传染，更有可能是受到了某种来自宇宙的未知影响，或者某种来自地球的影响，比如空气。但对来自匈牙利的助理医师伊格纳斯·塞麦尔维斯（Ignaz Semmelweis）来说，这些说法都不合理。因为在维也纳综合医院的同一幢楼里，还有第二产科。那里都是正在接受培训的助产护士。无论是在第一产科还是在第二产科，所有人遵守的医学治疗章程都是一样的。但是，第二产科的产褥热案例少得多。塞麦尔维斯研究了两个产科的死亡率，并制作了表格。他惊讶地发现两者的差别如此之大。为什么来自宇宙或地球的神秘力量只对其中一个科室产生影响，却忽略了另一个呢？

一天，医院在进行法医学解剖时发生了严重的事故。塞麦尔维斯敬重的教授雅可布·科勒什克（Jakob Kolletschka）被学生用手术刀割伤了手指。受伤的手发炎了，科勒什克因此去世。塞麦尔维斯得出结论，一定是尸体上的什么通过伤口进入了人体。这让他产生了一个关键性想法：产房的医学生会定期进行尸体解剖练习，但助产护士不会。医学生正是在解剖尸体之后去产房接生的。没有人会在这两个工作的间隙洗手。病原体就这样不断地从尸体到达产妇那里。

塞麦尔维斯还不知这种病原体为何物。直到几年后,诸如罗伯特·科赫、路易斯·巴斯德等研究者才解开了微生物会导致疾病之谜。塞麦尔维斯只是模模糊糊地提到,医学生的手上可能沾了"尸体碎片"。尽管如此,但他从观察中得出了正确的结论。他安排医学生们在解剖尸体之后必须用含氯石灰对手部进行消杀。在极短的时间内,第一产科的产妇死亡率急剧下降。不久,这一数值就降到2%~3%,与另一个产科的水平持平。塞麦尔维斯进一步罗列数据,凭借统计结果,他用严厉的语气说服了知名的教授遵循他的消杀规定。

伊格纳斯·塞麦尔维斯无疑拯救了许多女性的生命。你也许会认为,此等功绩一定会让他迅速成为医院里备受追捧的明星,但同事对他奇怪的"洗手理论"丝毫不感兴趣。还有少数对此公开表示反对的医生,其中一位就是古斯塔夫·阿道夫·米歇埃利斯(Gustav Adolf Michaelis)。他在德国基尔的诊所里也有很多产褥热的死亡案例。他向诊所里引入了用氯溶液消毒的措施,死亡情况立马得到了控制。但米歇埃利斯本人对此一点儿也不开心,因为不久前他帮助侄女进行了分娩,她在产后也因产褥热而死亡。米歇埃利斯清楚,是他没有洗手导致了侄女的死亡。怀着愧疚和绝望的心情,他选择了自杀。

塞麦尔维斯在维也纳的职业生涯并没有因此延长,他最终回到了匈牙利。他在布达佩斯的一所大学担任助产系主任。今天,这所大学以他的名字命名。伊格纳斯·塞麦尔维斯在医学史上占有一席重要之地。

统计学救命

　　能辨识出一种疾病的成因是一项令人瞩目的成就，但塞麦尔维斯最大的成就并不在此。他认识到，可以通过统计学拯救人们的生命。对塞麦尔维斯来说，只凭借医生的经验和直觉去论证事物远远不够，他需要用纯粹的数据来证明他的方法是有效的。为了测试某种医学措施的有效性，人们甚至不需要去理解它的作用机理。洗手消毒的效果在统计学意义上是毋庸置疑的，以至于对塞麦尔维斯来说，它有如此成效的原因已经不必深究了。

　　这种情况在医学领域中是很常见的。我们难以预测行星在太阳系中的长期性运行情况，不能准确预测明天的天气，也不能预测乐透抽奖的结果，那么我们无法完全理解人体的现象也就不足为奇。每个人都是一台活生生的、无比复杂的机器。火星探测火箭与人体相比也显得原始和粗糙。我从自行车上摔下来，胳膊被路面蹭出了一道血淋淋的伤口。如果运气不算太差，我的身体会自行把一切恢复原样。如果我的脚趾骨折了，几周后我就能够再次行走，和什么都没发生过一样。但是，无论多么精准的钟表或超声速客机都不可能做到这样。

　　我们的身体充满了生命力，这是一件非常幸运的事。即便经历了严重的事故，我们也能承受，甚至不会留下后遗症。许多疾病，无论人们是否进行治疗，最终都会自行消失。相比物理、化学这些基础性自然科学学科，正是这些自发的现象让医学中的因果关系、疗法与疗效之间的关系更难以被验证。

　　健康与疾病、改善与复发、生存与死亡——影响它们的关键因素往往就是巧合。囿于认知不足，有时我们只能得出一个俗套的答案：巧合。出于巧合，我们喝下了被沙门氏菌污染的鸡汤，并因此生病——如果有人对这碗鸡汤的情况足够了解，我们就可以避免疾病之苦。一些其他的巧合单纯因为人体太过复杂而难以预测：吞下的药物对出现相似症状的患者起效很快，但在自己身上产生了奇怪的、难以预测的连锁反应，并引起了严重的副作用。医学中甚至还存在一个非常基础的物理巧合，比如细胞中的DNA吸收了电磁辐射，但这是否会引发疾病就完全由量子的随机性决定了。

　　而解释疾病的成因就如同让我们解释为何刚才掷骰子掷出了6点——几乎不能解释清楚。但是，我们可以通过不断投掷两个骰子来进行对比，并把结果仔细记下来。这样也许我们就能知道其中一个骰子的形状不太规则，因此总能掷出更高的点数。我们虽然还是不能预测下一次会掷出多少点，但可以知道下一次应该用哪一个骰子才更有机会赢。这就是塞麦尔维斯做的事。哪些女性在产房会生病完全是取决于巧合，但通过正确的治疗方法，人们战胜疾病的概率显著提高。因此，塞麦尔维斯可以被称为循证医学的先驱。

　　约100年后，在第二次世界大战期间，来自苏格兰的阿奇·科克伦（Archie Cochrane）医生在一所战犯营中工作。那里暴发了严重的肺结核，但科克伦不知道哪一种手段最有效。他缺少专业的数据。因此在战后，科克伦致力于将科学方法引入医学领域。他第一次阐述了许多在如今的医学研究中必须遵守的科学规则。科克伦协作组织便是以他的名字命名的。这是一个由科学家和医生组成的组织，他们会按照已知最新的标准对不同的医学疗法展开研究。只有这样，人们才能验证某种疗法是否真的有效，或者检验某些案例中的病人是否只是出于巧合才得以痊愈。这个组织到底拯救了多少人的性命，没有相关统计。但这样的健康统计数据是无比珍贵的，这一点谁都无法否认。

经常有一些惯用的疗法最终被证明是无效的，甚至是有害的，比如静脉放血。几个世纪以来，这种疗法对病人造成了不必要的折磨。一些人接受了这样的治疗并恢复了健康——这让人们更确信静脉放血是有用的。然而，如果病人死亡，其他人可以声称这是由于他没有放足够多的血导致的。直到19世纪，差不多就是在塞麦尔维斯认识到洗手的重要性的年代，静脉放血才接受了科学的研究。数据表明，这种方法是危险的，没有任何效果。

安慰剂效应：如果想法能治病

当健康出现问题时，自我欺骗几乎无法避免。当我们感到疼痛时，它的程度总是飘忽不定，时而不痛不痒，时而难以忍受——什么时候我们才会采取措施呢？总会有一个特别强烈的疼痛阶段，我们会在这个阶段去看医生，或者去找声称具有"量子疗法证书"的"奇迹疗愈师"。如果疼痛的巨浪袭来，就意味着它会像潮水一样退去，无论我们是否接受了科学、正规的疼痛治疗，无论我们脖子上是否戴了有神奇疗效的魔法水晶项链，或者我们当时是否在家洗袜子。这种现象被称为"回归均值"：当极端事件出现时，我们可以在很大程度上确定，之后会出现程度比较轻微的事件。如果有人在极其猛烈的飓风中拿出魔杖念咒语，最迟不过几天，风暴退去或减轻后他就可以声称他打败了飓风。如果有人在病人备受折磨的阶段用治疗石净化他的"气场"，不久后这个人就能沾沾自喜地自称伟大的疾病克星。

此外，我们经过治疗后往往会感到变好，而这只是因为我们对待疾病的心理发生了改变。安慰剂效应有着强大的效果。我们只是吃了一颗没有任何有效成分的糖丸，之后却感到情况有所改善。治疗这一"仪式"对我们有很强的心理作用，并会对我们的健康产生影响——英国医生、作家本·高达（Ben Goldacre）整理的数据表明了这一点。两颗糖丸比一颗的效果更好，昂贵的安慰剂比便宜的效果更好，注射的安慰剂比口服的安慰剂效果更好（从感官体验来看，注射是一种强力的措施）。甚至"安慰手术"也已经成功实施：医生在病人膝盖处割开一个小口，然后把医疗设备伸进去，不对任何部位采取治疗措施，最后取出设备并缝合伤口。但病人感到症状减缓。

我们在测试一种治疗手段的效果时，需要确保它的效果不仅仅来自安慰剂效应。因此我们经常把受试者分为两组，一组给予真实的药物，而另一组则给予安慰剂。受试者对自己属于哪一组并不知情，最佳的情况是医生直到最后才得知哪些病人服用了哪些药物。只有在服用药物组的情况好于安慰剂组的情况下，我们才可以认为药物有疗效。

这听起来非常简洁明了，但也给人为操纵和花招提供了许多机会。如果有人投入大量时间和金钱来研发一款药物，现在他需要证明药物是有效的，就可以耍点儿"花招"。也许可以用五彩斑斓的糖衣包裹药片，从而与不起眼的安慰剂药片形成对比。

把病人分到哪组也有大学问。如果有人把没有恢复希望的病例放进安慰剂组，将那些不治疗就会痊愈的病人放进服用药物组，那么试验结果就严重掺假。因此，我们通常要对研究进行随机化，即将病人随机分到某一组去。尽管这样，试验还是很容易出现错误。

人类是非常差劲的"随机生成器"。如果一名研究者一心希望他的试验取得积极的结果，那么即使他一开始随机分配了病人，试验的随机性也持续不了多久。也许试验的负责人会将病人按照他们进入办公室的顺序轮流分到两组当中。然而，这样起到的作用也微乎其微。他在看到病人的第一眼，就会对病人能否产生积极结果做出判断，而他的分配会被自己的理性认知影响。谁会愿意把一位年迈多病、颤颤巍巍、喘着粗气的老人塞到实验组里？他拉低成功率冒的风险是不是太大了？我们肯定更愿意把他分到安慰剂组里。当服用药物组真正接受试验的时候，研究者也许会再仔细检查病人的病历。这时，总会因为某个"站得住脚"的理由的出现而筛掉一些病人。

科学论断与主观感受

正因为人类善于自我欺骗，所以我们需要科学的方法论。概率数学和统计学能够防止我们得出错误的结论。科克伦协作组织等机构通过收集和分析医学研究数据，评估医学研究的可靠性，总结健康问题的相关事实资料并为医生和病人提出建议，做出了巨大的贡献。尽管如此，还是有许多人在接受荒唐的疗法，这些疗法和医学根本不沾边，就好比字母饼干跟诺贝尔文学奖没有半点儿关系一样。我们笃信一些家庭偏方，尝试网购来的花花绿绿的食物补剂，坚持使用去年在同事身上起作用的手段，尽管自己的健康问题也许完全不同。

从情感上来说，这完全可以理解。阅读严谨的临床研究数据和理解前沿科学研究现状当然比给祖母打个电话询问她的偏方更麻烦。因此，接受过良好培训并且能够按照科学的事实依据进行判断的医生是非常重要的。一名好医生需要很强的本能与直觉，但他肯定知道在健康问题上绝不应该偏信它们。最大的风险莫过于，人们主观认为具有疗效的方法之前也许只是出于巧合才起到了作用。

问题更大的是那些完全拒绝从科学的角度思考医学健康的人。他们会给自己五颜六色的治疗水晶，用魔法钟摆向头顶的轮脉灌注魔法能量，或者相信自称"量子治疗师"的人，并认为仅靠用手触摸就能使体内紊乱的能量重回正常。我们同样可以像做安慰剂效果试验那样，对这些神秘把戏的功效进行测试。结果当然是无法证明其具有实际功效。最糟糕的情况则是这种没有用的把戏妨碍了病人向医生寻求真正的帮助，比如有病人去向奇迹疗愈师求助而因此放弃了可以救命的医学疗法——过度迷信会置人于死地。即使是在如今的世界，也还有人出于这种原因去世，这无疑是一件可悲的事。是时候将这种现象彻底驱逐了。

诚然，这并不意味着人们必须总是用严格的科学目光来审视一切。

生活中的许多事物都因个人喜好而异。世界上有许多问题，即便人们对它们进行了细致的数据收集和统计学分析，也无法得出结论。这本就是不可改变的事实。

一个人在劳累的工作后想要放松一下身心，于是，他背起行囊，花了一年半的时间徒步穿越南美洲。对他而言，纠结这种解压方式是否经得起科学的验证大概率是无意义的，只要他自我感觉良好就足够了。有些人认为点香薰和敲击颂钵可以缓解压力，那他们就可以这样做，无须追问这样做的科学依据。

许多传统和仪式都属于这个范畴，无论它们是不是由宗教人士创立的，它们都可以不用接受科学的检验。事物在主观上是否舒适，完全是由个人喜好决定的，科学的检验在此处显得有些多余。但是，要想从一些微小的、经不起验证的主观感受中得出一些宏大的科学论断，就有问题了。

如果有人声称可以通过占卜杖检测人们对食物的耐受性，这就不是主观感受的问题，而是彻头彻尾的错误。如果有人认为上帝的赐福可以保护自己不受传染病的侵害，那么他会对自己以及其他人造成危害。如果有人觉得癌症可以通过某种古日耳曼药膏得到治愈，那他就完全不懂得虚无缥缈的迷信和可检验的事实之间的区别。

卢尔德有没有奇迹？

每年有数百万人都会前往卢尔德，那里也许是世界上最著名的朝圣地之一。朝圣是无可非议的，毕竟旅行代表接触美好的事物，而卢尔德位于法国境内壮丽的比利牛斯山脉中。但这种独特的大规模朝圣之所以存在，更多是因为自19世纪以来，人们认为那里圣母玛利亚显圣的岩洞能带来各种各样的奇迹。从记忆衰弱到恶性肿瘤，患有各种各样疾病的朝圣者来到卢尔德的岩洞，为的就是让神奇的圣泉治愈自己。传说变成了事实论断，主观感受变成了需要用科学驳倒的谣言，童话般的故事变成了实实在在的买卖——对于那些声称卢尔德的圣泉能够治愈疾病的人，只要将他们的观点仔细研究，将其放在科学的聚光灯下，他们便哑然失声了。

我们可以用统计学来研究卢尔德圣泉的治愈概率。众所周知，一些疾病可以逆向自愈。癌症的逆向自愈被称为"自发消退"。一些病人的好转似乎只是出于单纯的巧合，他们的肿瘤会逆向消退或完全消失，并且没有显示出任何可识别的缘由。对科学界自发消退的发生概率一直存在争论：专业文献大多认为自发消退的发生概率不足十万分之一，有些数据则显示这种巧合性痊愈的出现概率高得多。

如果每年有几百万人前往卢尔德，假设至少有5%的人是因为癌症才踏上这趟旅途的，那么我们可以估算，每隔一两年卢尔德的朝圣者中就应该会出现一例癌症自发消退的病例。

你可以将这个数字和教会官方发布且经过证实的"卢尔德神迹"名单做对比。考虑到每年去卢尔德朝圣者的人数，这个名单可以说短得出奇。此外，许多官方证实的"神迹"都出现在医学诊断还未高度发展的时期，那时的人们也许会把一些肺部疾病误判为危及生命的肺结核。你会发现，圣泉的神奇功效随着时间衰退了——在20世纪下半叶，有两年根本没有出现"神迹"。而癌症得到治愈的案例就更少了。

天文学家、物理学家卡尔·萨根（Carl Sagan）得出了相似的数据。他打趣说："卢尔德朝圣者中癌症自发消退的人比非朝圣者中癌症自发好转的人少得多。在那里得到奇迹治愈的人数比单纯因为巧合而好转的人数还要少。根据统计学，要想治好自己的癌症，最好别去卢尔德朝圣。"

此外，在进行分析的时候还要考虑朝圣者在旅途中可能会感染各种各样的恶性疾病。谁知道别人在取水时留下了哪些病原体呢？从统计学上看，在去卢尔德朝圣的路上发生交通事故的概率可能都比出现"神迹"的概率高得多。

如果一个地方聚集了过多的病人，其中有些人会以无法解释的方式痊愈——这并不违反常理，而是一个统计学上的必然事件。就像只要购买彩票的人数足够多，就会有一个人能够中奖。在朝圣地引起人们欢呼雀跃的"神迹"只是一些令人惊讶的、出于巧合的治愈个例。如果"神迹"被放在医院的癌症病房里，就会显得稀松平常，因为它们被医院大量的成功案例掩埋了。医院的成功案例是以完全可解释、科学上可理解的方式出现的。将"神迹"和它们放在一起并不公平。治愈这件事情本就带着些许奇迹的色彩。它的伟大不会因为人们能够对其在分子层面进行科学解释就褪色。每当出现单纯因为巧合或出于我们无法理解的缘由而痊愈的病例时，有些人就会产生一股神秘主义的冲动，想要为其兴建庙宇和竖立纪念碑。相反，如果病人得以痊愈是一代代人辛勤研发的、具有科学基础的疗法起效了，我们却觉得是理所当然的，甚至感到无聊乏味。

也许科学界可以从"奇迹信徒"的宣传策略里学到一些东西。为什么不存在将放射疗法奉若神明的朝圣地？为什么没有关于整形外科手术的大教堂？为什么我们不能为像抗生素这样的伟大发现每年举行一次大型的庆典？

第十一章

恰巧生效的魔法

预言章鱼、占卜法杖和心灵感应
——我们不能将巧合与魔法混淆。

保罗有一份独特的工作。它住在奥伯豪森的一家水族馆中，职业是"预言章鱼"。章鱼是一种聪明的动物，它们可以用8只腕轻而易举地把装着美味饲料的盒子打开。2010年世界杯期间，在每场德国队的比赛前，保罗都要被放在两个盒子前——一个装饰着德国国旗，另一个则是对手的旗帜。它的任务是选择其中一只箱子，预言其为比赛的获胜者。

截至德国队晋级半决赛对阵西班牙队时，它已经成功预测了5次：有4场比赛成功地预测了德国队的胜利，就连德国队对阵塞尔维亚的失利他也预测到了。因此，保罗对半决赛的预测吸引了媒体大量的关注。令德国球迷恐惧的事发生了，保罗选择了有西班牙国旗的盒子。而德国队随后确实输给了西班牙队。德国球迷是不是因此自发地举行了多场章鱼烧烤派对呢? 这就不得而知了。保罗在随后的第三名争夺赛以及决赛中都进行了正确的预言。预言章鱼的8次预测全部正确。这可能是巧合吗?

　　这当然可能是巧合。我们可以这样思考: 在世界杯期间有很多"预言动物", 媒体对它们都进行了报道, 那么总会有某一只"预言动物"做出的判断特别正确。或许动物训练师也想出了一些方法, 让保罗非常频繁地对德国队下注。

　　其实, 一些表演也是这样的。它们起初看起来非常惹人注目, 似乎只能通过巧合来解释。在20世纪70年代, 以色列魔术师尤里·盖勒(Uri Geller)声称拥有超能力, 并在许多电视节目中都进行了展示。他的本领是通过意念力掰弯勺子。这个把戏虽然对所有被邀请在孩子生日派对上进行表演的魔术师来说都是小菜一碟, 但这位年轻友善、穿着奇特花衬衫的男人莫名其妙地让全世界都相信他的展示不是魔术表演，而是基于真正的超能力。

尤里·盖勒不只表演了魔术，他还要求电视机前的观众找出损坏的钟表，他随后尝试用意念力修复它们。确实有热情的观众叫喊道，他们的钟表突然又开始嘀嗒作响了。

其实，尤里·盖勒在这件事情上并没有冒多大的风险。如果人们轻微摇晃长久不动的钟表，它就会再走动一下，这不是什么稀奇事。只要有足够多的观众，总会有一些观众的钟表在节目放送后出于巧合又接着运转——尽管可能只持续几分钟，但这足以让他们第二天在办公室里以低沉敬畏的语调讲起奇迹般"复活"的钟表。而那些在尤里·盖勒表演后看到钟表依旧一动不动的观众则没什么新奇事可讲，第二天他们大概已经忘了这件事情。

魔术师VS欺诈师

如果有人声称他拥有超能力，我们就可以像测试新型药品的有效性那样来测试他：在可控的条件下进行尽可能多的相关试验，并在试验结束后验证是否真的产生了效果，或者验证单个成功案例是否只是出于单纯的巧合。

詹姆斯·兰迪（James Randi）就是因为这些测试而出名的。他年轻时以"惊奇兰迪"的艺名作为舞台魔术师以及逃脱艺术家登台演出。他知道哪些技巧可以欺骗观众。一次，兰迪受邀参加尤里·盖勒的电视演出。他的任务是确保表演中不存在道具的影响——盖勒的超能力似乎消失了。他解释说此时他的能量不够强。为什么呢？这当然只是因为巧合咯。

还有许多人想让兰迪对他们的超能力进行测试。他做过关于意念传输的实验，研究过水晶的奇迹力量，检验过占卜杖。结果是，这些事物从未产生过真正的效力。当时，世界上有许多怀疑论组织，他们也像兰迪这样用科学事实去研究非科学性说法。詹姆斯·兰迪教育基金会甚至开出了100万美元的赏金，专门奖励那些在科学可控条件下证明超自然现象存在的人。许多人都尝试争取这一赏金，但至今没有人成功。

这些实验的刺激之处并不在于结果。证明几百个怪异能力者终归无法逃脱自然规律的掌控并不会带来新鲜感。但它的有趣之处在于大众能够对这些"迷之自信"的人进行观察：他们只是抓住了某个巧合事件，却非常认真地觉得他们具有超自然能力。

例如，有人声称可以通过摆锤来追踪金属物体。他把一块金属放在桌子上，用不透明的杯子将其盖住，然后尝试用摆锤去感受金属物件。确实，摆锤以非常明显的振幅在杯子周围来回旋转。事实似乎表明，被藏起来的金属对摆锤施加了某种"魔力"。但愚蠢的地方在于，这个神奇的摆锤只有在金属位置已经清楚明了的情况下才管用。

科学实验往往从完全不同的角度来检验这件事。一名研究者把十个相同的杯子紧挨着排成一列，通过抽签来决定在哪个杯子下面藏有金属。随后，他离开房间，防止自己在场会在不经意间给出有关金属位置的信息。之后，受试者在其他研究者的监管下带着摆锤进入房间，尝试用摆锤找出金属。很明显，之前令人印象深刻的明显摆幅突然消失了，摆锤"畏畏缩缩"地在一个又一个杯子前振荡，它在每个杯子前的摆动几乎没有差别。尽管如此，受试者还是在某个时刻挑选出了一个杯子，实验团队记录下杯子的号码。

研究者尽可能多地重复这场实验，最后将金属的实际位置与受试者选出的结果进行比较。总体来说，实验结果都是一样的：自称拥有超能力的受试者的准确率和普通人一致。一些人的准确率高一点儿，而其他人的则低一点儿。也就是说，完全可以把摆锤换成其他事物——可以是轮盘赌博的小球或一个骰子，也可以是水族馆里来回摆动鱼鳍的观赏鱼，或者干脆用章鱼保罗来猜。这些"超能力者"只是无意中抓住了某个巧合，根本谈不上拥有某种超自然的天赋。

大部分受试者都对这个结果感到吃惊。他们的确认为自己在大部分的实验中都猜对了——他们没有说谎，只是自己骗自己。然而在这样的测试后，能从超自然的迷信中走出来的人少之又少。人类的大脑非常善于扭曲事实，并把自己塞进思维定式中。

意念实验室

普林斯顿大学是世界上最著名的大学之一。诺贝尔物理学奖获得者理查德·费曼、计算机科学家阿兰·图灵都曾在此进行学术研究。阿尔伯特·爱因斯坦的办公室也曾设在这里，他在工作之余与伟大的逻辑学家库尔特·哥德尔（Kurt Gödel）漫步普林斯顿大学校园并取道回家。

然而自1979年起，即便是在这样享誉世界的学校里也出现过一些奇特的研究。当时，研究者们建造了不少复杂的、由电动机械操纵的随机生成器。例如，在一块大板子上安装许多探针，让一些小球从板子上方落下来。小球碰到第一根探针后，会随机从探针的右侧或左侧反弹。接着，它会碰到下一根探针，并再次被随机弹向至一个方向。在短时间内，研究者可以让多达1000个小球在板子上生成随机路线。而在这块板子前坐着某位研究者与板子完全不接触，只全神贯注地注视着小球，努力通过意念力去改变小球的随机运动轨迹。

此研究项目名为"普林斯顿大学不规则现象工程学研究"，简称"PEAR"。研究者尝试对超自然现象进行研究——比如念动力，一种可以通过想法的力量影响实际物体的能力。这无疑是一个相当奇怪的研究。谁说精神和物质完全是两个完全割裂开来的领域，只有通过"魔法"才能将两者联系在一起？如果我对我的手指下达指令去掏我的左鼻孔，这也算我用意念影响了物理上存在的实体，但没有人会对此感到惊讶。

PEAR实验室也对所谓的"超生理现象"进行了研究。这种现象涉及的是一些微妙且迄今为止仍然不为人所理解的物质和精神间的联系。研究者想要用科学可靠的方式研究能否在受试者完全无法影响随机生成器的情况下，仅通过精神力量去改变随机事件的结果：受试者努力通过意念给电子随机数生成器施加自己的想法，让它"吐出"更大或者更小的数字。他们还尝试通过念动力对针板上小球的落点加以操控。

如果你不相信受试者拥有超能力，那么肯定觉得辛苦等来的结果无聊透顶。无论谁尝试通过精神改变随机生成的数字，或者对上周日的足球比赛苦思冥想，都不会对事情的结果产生任何影响。只要人们收集了足够多的数字，这些数字就无一例外地会"乖巧"地遵守随机性分布规律。研究者根据概率理论对这些数字进行演算也将得出一样的结果。

这也是研究者观察到的。无论是谁，无论他多么倾尽全力想让这些数字变化或不变，最终的结果分布都看起来相当均匀，且在统计学上几乎没有区别。念动力很明显不能产生人们有目共睹的影响。

然而，普林斯顿大学的PEAR团队声称，如果对结果进行非常细致的研究，他们还是能够证明其中存在一些细微的差别。多年来，他们对大量数据进行了收集，并且一直通过统计学方法对其进行分析，最终捕捉到了一次细微的效果。据称，只需一点儿效果，便能控制巧合的走向。但这种效果几乎无法被识别，它的分量小得就像在几千次掷硬币的结果中比预期多猜对了一次。这听起来似乎无足轻重，但如果数据的基数足够大，那么研究者确实会在统计结果中检测出微小的"效果"。

如果研究者通过极其细微的数据来证明这种效果是存在的，人们就会更难以区分真的效果和细小的实验误差。误差可能会让实验失去其真实性，并且误差的原因有很多。也许有一台随机生成器并不完全随机，它稍微偏离了统计数据的标准，随着时间的推移，受试者无意中被这台机器"带了节奏"？也许每两周就有一次实验会因为研究者不小心进入房间并扰乱了受试者的注意力而停止？数据使用过后，研究者会不会把它们扔掉呢？研究者会不会因为想要证明理论而扔掉了一些不利数据呢？虽然PEAR团队为了让一切能够单纯地、正常地运行付出了极大的心血，但没有不会犯错的研究者，也没有哪个实验是完美无缺的。

我们应该如何抉择？是相信发现念动力的确有效，还是相信实验有误差？通过统计学实验可以用来判断PEAR的数据是否可靠。其中比较有意思的是一些在PEAR实验室中生成的未被念动力影响的随机数据。在各项念动力实验之间，研究者总会让随机生成器在没有受试者的情况下运转以收集用来比较的数据。这些未被念动力影响的数据构成了所谓"基准值"。无论如何，它们都应该是完全随机、规则且均匀的。然而这也意味着它与均值应该存在均匀的误差。如果某人不断将硬币向空中抛100次，虽然总体上会得到50 ∶ 50的结果，但在统计学上，总会出现较大偏差的情况。然而，PEAR实验室得出的不受念动力影响的随机数太完美了，甚至像"非随机"的数据了。它们总是比预期更符合期望值。这表明，实验的某些地方不对劲。

PEAR的研究者拿出了一套新的说辞："这可能也是超自然作用的一种体现。"这种现象被他们称为"基准线约束"，即虽然没有人想去在精神上影响生成基准值的实验，但还是有人不经意间对实验施加了影响。也许受试者本能上想让基准值的统计数据结果显得更好看？这听起来仿佛念动力不受控制地在实验室中蔓延，和"灵魂污染"有几分相似。这无疑是一种有趣的观点，但是我们可以用它来为任意结果诡辩。

在这之后，PEAR的数据呈现了相反的走向：从某一刻开始，未受影响的随机数不再"乖乖"地符合期望值，而是似乎系统性地与之背道而行——这也是不应该发生的。我们很难说明这些奇怪的统计结果为何会产生。但无论如何，它们没有办法让大众对PEAR产生信任。

还有一个更关键的问题。科学的结果必须是可复现的，而PEAR在这一点上失败了。有人委托两家德国的研究所再现念动力的效果，但结果无法复现。有趣的是，普林斯顿大学自己也没能成功再现自己的数据。

大约28年后，PEAR被叫停了。一些人深深地松了一口气，因为他们把这所实验室视为普林斯顿大学的耻辱。一些PEAR的研究员则表示满意并认为这并无大碍，因为他们觉得已经证明了自己的论断是合乎逻辑的。但他们大概说服不了任何人，因为数据中存在矛盾的地方太多了。

以相反的视角来看，PEAR研究可能仍然具有很高的价值。虽然它并没有为超自然现象给出真正的证据，但它告诉我们，即使是大量纯粹的、细致入微的统计学研究实验也可能产生无稽之谈。PEAR的研究者聪明、细致，并且以科学方法工作。在这一点上，他们比大多数伪科学家优秀。尽管如此，他们在检验某个理论，即某个他们非常想要证实的理论时，还是陷入了实验不可复现的奇怪窘境。即便没有恶意，并且拥有最严谨的科学态度，人们仍然有可能不自觉地进行自我欺骗。

也许我们应该将 PEAR 和安慰剂效应等同来看：既来之，则接受之。但是，既然我们要求药物要显现出比安慰剂更好的效果，那么我们也应该要求真正的念动力实验要提供比 PEAR 更好的数据。

第十二章

幸运的成功者

傲慢的成功者、"彩票社会"和飞机坠毁之谜
——事实上，许多成功都只是出于运气。

这虽然不公平，但有利于科学研究的发展。加利福尼亚伯克利大学的心理学家和社会研究者保罗·皮夫（Paul Piff）对100局大富翁游戏展开了研究。不过他对游戏规则进行了适当修改。每一局只有两名受试者作为敌对双方参加，但获胜方早在游戏开始时就已经确定了。因为每一局都有一位穷玩家和一位富玩家。富玩家在每回合都有2倍的初始资产，并且可以在遇到额外奖励时比穷玩家多获得1倍奖励。受试者会在游戏开始前掷硬币决定谁是富玩家谁是穷玩家。

对两名受试者来说，不平等是显而易见的。他们虽然感到讶异，但还是接受了这个奇怪的规则并开始了游戏。然而他们不知道的是，保罗·皮夫用隐藏摄像头记录下了游戏过程，并在之后和团队一起对其进行了仔细的研究。他们发现了一些令人吃惊的事：富玩家会在整个过程中表现得非常无礼和霸道。他会炫耀自己的财富并取笑对手。游戏桌上放着一包零食——富玩家伸手拿零食的频率高得多，好像里面属于他的零食也比对手的要多。

在游戏结束后，受试者被要求讲述他们对游戏的体验，尽管所有人都确切无疑地知道，在掷硬币的那一瞬间本局的赢家就已经无可辩驳地被确定下来了，但获胜的富玩家会讲述他聪明的决策和缜密的布局，仿佛他的成功靠的是他实实在在的努力而非纯粹的巧合。

如果乐透的头奖中奖者对我们说他的成功不是因为运气，只是因为他特别会选乐透数字，我们应该会笑破肚皮。但是，这样的错误理解将常出现。我们容易把幸运的巧合和自己的努力搞混。常胜的足球女将说她的队伍此次胜在心态更为强盛，但忘记了第82分钟的横梁进球，没有它，比赛的走向可能会完全不一样。新上任的年轻经理为自己在求职过程中打败了另外100位求职者感到自豪，但不会提及他的职业晋升和他的父亲恰巧是监事会主席校友这件事情有着本质联系。如果我们幸运地出生在了正确的家庭，避免了危及生命的疾病，并在正确的时间点遇到了正确的人，我们会认为这是完全正常的，几乎不会对此进行思考。

我们当然不能把成功的原因局限在巧合上。每个人都知道，努力、知识、勤奋是非常重要的。但我们会进一步认为最成功的人必须是最有能力、最聪明、最勤奋的人，这恰恰是谬论。成功的概率确实会因为这些因素而得以提升，但是愚蠢、懒惰、没有社交能力而被提拔的人不在少数。聪明、努力、友善的人却会丢掉工作。巧合总是扮演举足轻重的角色。扑克高手如果一整晚都抽到"臭牌"也会输光一切，尽管和初学者相比他有更高的胜率。令人感到奇怪的是，我们更愿意说服自己在职场或者在投资中成功是掌握在我们自己手中的。我们生活在一个讲求绩效的社会中，聪明的点子、辛勤的工作以及费力取得的学位常被错误地诠释为成功。幸运的人会说"天道酬勤"，用能干、勤奋进行自我美化。

实际上，职场的成功和扑克牌游戏差不多：我们要依靠技巧、智慧、努力用已有的牌打出最好的效果。然而，如果巧合不站在我们这边，成功就不会发生。一家公司的成功是归功于巧合还是管理层的努力，在个案中是无法证明的。美国管理学学者马库斯·菲查（Markus Fitza）尝试用统计学方法对这个问题给出一个答案。他分析了大约1500家大型企业1993—2012年的管理资料。通过一种特殊开发的数学程序对一家公司的成功是取决于公司管理层还是取决于巧合进行判断。他的结论是：两者都重要，但巧合似乎在决定性上有更大的比重。[19]

在某些方面我们的经济状况可以和生物进化进行类比：我们必须与一个被巧合支配的复杂环境竞争，以争取自己赖以生存的一席之地。出生便携带强大基因的动物会因为巧合刚出生后便被天敌吞掉，而与它拥有相似基因的双胞胎姐妹也许会顺利地成长并生下非常多的孩子。同样，一家刚成立的、经济条件优越的、发展趋势蓬勃向上的企业也有可能因为巧合而消失，而有着非常相似理念的公司却会赚得盆满钵满。从历史的时间维度来看，人们也许能发现逻辑自洽的、可供解释的成功模式。但从个人的角度出发，成功与失败完全是随机事件。

幸存者偏差：我们对不幸视而不见

一些人因为巧合得以在社会中谋得一席舒适之地，便觉得自己可以指点江山，告诉全世界，人应该如何获得成功。这种情况的最坏发展就是成功文学。

在现在的书店里，成功学图书的数量多到令人不安。它们毫无用处并且会妨碍人们找到正确的书籍。读者头脑里的某处阅读空腔正在被无用的大话填满。洁白的纸被浪费了，上面印满让人发笑的成功建议："110%能够成功！""集中发挥自己的强项！""相信自己！"

然后，这些成功学作者便可以赚得盆满钵满：他们在酒店里开研讨会，向那些想要知道自己为什么不会被提拔的部门副手反复灌输自己的思想。所有学员会像学龄儿童那样，把千篇一律的建议写到干净的方格纸上："要异于常人！""不要按常理出牌！"要找到属于自己的路！"

这类东西几乎一无是处——而且成功学大师不止说了一次谎。那些内容空洞、肤浅的概念实际上只是他们用来取得成功的策略。其实还有许多与他有同样想法、同样学识和同样实干精神的人，这些人却惨遭失败。没有人会询问失败者的规划。他们既不会举办激励演讲，也不会去写关于成功的书籍。

如果人们总是关注成功者，他们就会得出错误的结论。这种现象被称为"幸存者偏差"。它体现在生活的方方面面。这一概念的来源可以追溯至第二次世界大战时期的飞机工程师。他们在检查战斗任务结束之后的飞机时，发现机身上弹孔的分布并不是均匀的。飞机的某些部位被敌机击中的频率更高。因此他们建议加强飞机上这些被击中概率更大的部位。

然而，统计学家亚伯拉罕·瓦尔德（Abraham Wald）意识到这可能是一个愚蠢的决定，因为这些弹孔并没有阻碍飞机飞回来。那些被击落的、无法再飞回自家军事基地的飞机，必然在其他部位受到了更严重的贯穿伤，那些部位受到的伤害更致命。因此，瓦尔德建议加强那些飞回来的飞机上完好无损的部位。因此，只以生活中作为胜利者脱颖而出的人为导向，并不是聪明的策略。我们必须认真看待失败者的命运，从而理解世界是如何运转的。

105岁的伐木工认为在森林里运动以及吸鼻烟是保持永远健康的奥秘。但是和他同一年出生并且有相似的生活习惯的人在几十年前就已经去世。一位著名的好莱坞女演员在每个拍摄日里赚的钱比其他工作人员多得多。除了她之外还存在无数的女演员，她们具备与她相似的表演天赋，拥有与她相似的、可以登上杂志封面的美貌。但她们不会坐在首映礼的第一排，只能在演员梦破碎后，站在电影院的入口撕入场券。有着天才般财富直觉的华尔街导师把一只股票的利润推到了惊人的高度。然而，除了他之外还存在着无数拥有同样敏锐直觉的华尔街从业者，他们投资的股票走势却远比预期要低迷。

幸存者偏差甚至能够引起奇特的矛盾现象：在极端情况下，聪明才智和前瞻性思维并不会提高我们获得巨大成功的概率，反而会降低概率。聪明人会衡量一个决定的风险与收益。如果一个疯狂的主意既有可能带来巨大的收益，也有可能带来巨大的损失，对我个人来说，我更情愿选择风险比较小的方案——至少在平均收益大体相似的情况下是这样的。这种现象被称为"风险厌恶"。出于这种理由，会有比较多的人选择成为老师、图书馆管理员或者税务咨询师，极少数人想成为世界上第一个站在两座高楼之间的缆绳上用着火电锯表演杂技的人。

一个人如果非常不善于评估风险，就可能会大意地不断选择充满风险的策略。他会购买股票，但是这只股票被所有分析师判定为高风险。他会负债，只为买下一幢他从未见过的住宅。他会把所有的积蓄投给昨天在酒吧刚刚认识的烂醉如泥的发明家。

这个人如果有一天吃了大亏，那么他不应该感到吃惊。大部分喜欢冒险的人无疑最终会失败。但只要这类人足够多，在他们之中就会出于巧合而出现获得成功的人。平均而言，这类喜爱冒险的人一般比小心理性之人的状态差。但在这样一个巨大的成功只能够通过极端冒险取得的世界，在最成功的那些人中有许多都是疯狂的冒险者。人们应该向他们表示祝贺，但不一定要听取他们的建议。如果他们的"自负病"再次发作，并且决定要竞选政治职务，人们就不应该把票投给他们。

彩票社会

我们的职业选择无疑能够在很大程度上决定巧合对我们生活的影响。某些职业和极其低的风险联系在一起。一家公立学校的教师可以通过一张一目了然的表格了解他们能够获得的工资——明天的、10年后的，乃至他工作生涯最后一天的。他的未来是非常容易预测的，他也几乎不会有飞快晋升的机会。即便他是世界上最好的老师之一，在教学事业上取得了难以想象的成就，在他的教导下最粗俗的学生最后也成为有教养的知识分子，他也大概率不会变成国际超级明星，他的笑脸也不会被印在广告墙上，他也不需要在校门口面对一群尖叫着想要求得签名的粉丝而落荒而逃。

艺术家和运动员看起来完全不同。大量的年轻人梦想成为职业球员、电影明星，从而坐拥全球盛名，在事业中取得大的突破。决定走上这样道路的人面临着很大的风险。就像乐透微小的中奖概率对应极大的收益，只有极小部分在这类行业中达到顶峰的人会变得富裕且声名远扬。而那些没有成为幸运赢家的人则会过得相当艰难。对那些小说从未出版过的作家、在若干年后声带无法支持工作的歌剧演员、那些和世界顶尖水平总是差关键几秒的中长距离赛跑运动员来说，他们的事业前景并不那么美好。

许多拥有相似惊人天赋的人在为相同的目标而奋斗，但到头来只有其中少数人得到了回报。仅仅是成功的可能性便足以激励许多人。选择充满风险的职业的人并非直接得到财富，而是得到了通往财富的机会，就像公司以彩票的形式支付人们的工资。

有人会说："这是公平的。彩票毕竟也具有价值。"坚定的统计学信徒也许会算出各种选择的收益期望值并进行判断：是实实在在地获得1000元更好，还是获得1‰的拥有100万元的机会更好？理性来看，人们得出的论断可能是：无所谓，因为期望值是相同的。但我们并不会真的这么想。相同的期望值并不意味着相同的效益。假设老板为我们提供了一个用一整年的工资换取参与一盘赌博游戏的机会：1/10的概率获得10倍于现在年薪的奖励，但如果输了，我们一整年就白干了。有谁会接受这种条件吗？

令人不安的是，这种伎俩越来越流行了：付给人们的不是钱，而是获得钱的机会。许多年轻人多年来饱受微薄工资的折磨，只因为他们希望能够通过这种手段有更大的机会得到想要的工作。这种现象在集体犯罪中也有所体现。一项来自芝加哥的研究项目得出了这样的结论：许多毒贩会待在家中和母亲一起生活，因为他们的高风险工作几乎不会带来金钱收益，他们都幻想成为腰缠万贯的毒枭。在科研界的情况也类似，许多怀揣热忱的新生代研究人员在实验室里待到深夜，只为获得在大学执教的机会。每个人都知道成功的概率有多小。但他们安于现状，为了获得一个通向成功的机会而努力奋斗。

公平与否，每个人都要自己决定，没有人能用数字和公式得出标准答案。要想看一场顶级的足球赛事，需要的就不仅仅是22位拿着厚薪、在草地上追逐的巨星。人们需要的是一个体系，其中就包括业余球员、青训教练以及票商。如果没有乡村音乐老师认真听孩子们无聊地用小提琴拉出刺耳的摩擦声，就不会出现世界级管弦乐队；没有许许多多在发霉的地下室里只为几个观众表演的演员，令人着迷的世界知名剧团也就不复存在。整个体系的存在是因为他们。没有他们，巨星将不再是巨星。我们的社会不应该变成"彩票社会"，人们不能只为了能够抓住通往财富的巧合而努力。我们的生命只有一次，让巧合发挥太大作用就会导致问题。

给巧合留一席之地

如果有人忽视巧合的意义并告诉我们，只有个人的努力是成功和失败的关键，那么我们将会获得一个主要由沮丧的失败者组成的世界。失败者会认为自己的生命没有意义，而成功者则会认为自己是高人一等的天选之子，成功是自然赋予他们的权利。在这种社会理念中，社会平衡以及对失败者的帮助都是没有必要的。因为所有人获得的都是他所应得的。不满意的人需要更加努力，成功也许有朝一日也会降临到他的头上。没有面包的人应该努力奋斗，并且梦想着可以吃到蛋糕。

在当下，个人主义式的成功神话以近乎宗教的方式占据了我们的大脑。这种潮流并不是一开始就有的。在古希腊悲剧中，命运是一个重要的主题。神谕对俄狄浦斯的预言在未来必定会发生，可怜的俄狄浦斯对此毫无招架之力，无论是进行充分的准备还是上昂贵的动机辅导课都不会改变他的命运。俄狄浦斯不会收获满堂倒彩，反而收获了同情：他对此无能为力。他并没有做出任何恶意的决定。他的悲剧性结局在古希腊悲剧的逻辑中就如同从第70层楼中跳出去而最终会摔得面目全非一样不可避免。基督教则在这一点上给予了更多的发挥空间：如果司管赏罚的上帝给出了某些规定，人们还能自由选择是否遵守。然而约翰·加尔文（John Calvin）这样的新教徒则认为上帝早已在一开始就决定了每个人的命运。上帝不仅给出规定，并且事先决定好我们是否会遵守这些规定。最后，我们会因为注定会犯下的罪而受到惩罚。

这听起来其实不太友善：我们蹒跚行走在一条全貌已然展现的人生之路上，拥有的只是如同俄狄浦斯王那样有限的人生决定权。令人好奇的是，尽管如此，有些人依然将加尔文的理念视为如今成功论的意识形态根源。根据加尔文的说法，我们世俗的、物质上的成功只是因为上帝选择了我们。富有者有着更大概率升入天堂。因此人们拥有了更多的动机去努力，证明自己是上天选定的高人一等的存在。

自启蒙运动以来，"命运"和"天命"逐渐失去了意义。我们认为自己是自由的，我们的人生掌握在自己的手中。这种说法本身没有问题。但如果我们在对世界的认知中不给巧合留有一席之地，我们就是在欺骗自己拥有能够战胜巧合的力量。我们就像是超速驾驶但觉得一切尽在掌握的司机——直到一只轮胎因为巧合而爆胎。

我们必须接受巧合的存在，并且接受它随时可能会将我们的人生引到一个新的方向。这也意味着，我们必须找到一种游刃有余、宽容大度的方式来对待巧合。从某种意义上来说，巧合以它变幻无常的不可预测性构成了古希腊悲剧的命运论或者神定论的对立面，它的起源可以追溯到时间之始。但对我们而言，它也许只有一点儿安慰作用：如果事情失败了，那么原因不一定在我。如果有人买了错误的股票把积蓄全都赔了进去；如果有人买了一台二手车，这辆车行驶了1000千米后就冒出了一团黑烟坏掉了；如果有人没有得到期望中的提拔，隔壁无能的同事却晋升到了管理层……在这些情况下，失败不一定是因为能力不足，也许只是因为运气不好。我们也许可以通过我们的行动降低这些恼人事情发生的概率，但我们没有必要一个人扛下所有——可能只是因为巧合没有站在我们这边罢了。

无知之幕

巧合将令人开心和令人恼火的事情以极其不公平的方式分摊在了人类身上。有些事物可以削弱巧合带来的影响——保险、社会福利制度和公共健康卫生事业正是出于这个原因出现的。所有人都或多或少有存款，为的就是当巧合"暴击"我们的生活时，我们能够得到庇护。然而，人们应该如何设置这些社会性规范呢？是否存在能够保证所有人拥有相同的机会获得幸福的规范，不论他们的出身、肤色或者性别？是的，这种规范是可能存在的——至少在我们实验性设想中是有可能的。

想象一下，我们将共同生存的环境规则重新设置。从税务系统到教育系统，从健康卫生规定到继承权法条，所有的标准与法则我们都将重新确立。我们必须在重设之后的社会生活，但我们的身份将不复从前：我们享有某种独特的天赋、享有银行存款、享有某个远房亲戚的继承权，享受着周末可以去海边别墅放松的特权，我们将作为"某人"，即某个随意抽取的"随机人"而存在。在重设社会规范时，我们无从知晓我们之后的身份，我们也许是来自某个战乱国家的难民，也许是外科医生，也许有严重的精神创伤，也许刚刚在奥林匹克运动会的撑竿跳高项目上获得了金牌。也许我们假想出的这个社会规范要比我们现有的规范公平得多。

美国哲学家约翰·罗尔斯（John Rawls）在其著作《正义论》（*A Theory of Justice*）中描述过这一理念。罗尔斯认为，只有当我们给自己的所有属性、能力、社会地位和物质财产披上"无知之幕"的时候，我们才会得到一个公平的社会制度。[20]这种实验性设想当然不会成为现实。人们大概得服下强力的药物才能忘记自己是谁，来自何方。尽管如此，也并没有什么用。因为在这种情况下，我们不会信任他人，让他人去设立新的社会规范。

但将"无知之幕"视为道德上的指南针有时大有裨益。如果我们从未设身处地思考过他人的处境，我们就总能轻易地对他人提出要求。有人训斥懒惰的社会寄生虫，攫取别人辛苦赚来的钱，有人要求没收百万富翁的财产。我们并不知晓在未来这些规则会不会被用到自己身上。我们应该对社会救济和富人税设定怎样的规范？如果我们的身份将完全由一个巨大的赌博轮盘随机决定，那么我们现在又将如何设置对待难民潮的规范呢？

第十三章

巧合是我们的朋友

人类的幸存、恰到好处的自然法则和人择原理

——没有巧合，我们将不复存在；

没有我们，巧合也将不复存在。

现在，我们进行了深刻的思考。我们思考了世界是否像一块精准的钟表一样运行，思考了巧合是否潜藏于我们宇宙的基础架构之中。我们邂逅了蝴蝶，它的一次振翅会使天气系统陷入混乱。我们邂逅了薛定谔的猫，它既活着又已经死了。

我们惊讶于物理理论，它赋予了巧合在我们世界中举足轻重的地位。但我们也发现，巧合不会因我们而发生变化，因为我们以有限的大脑、有限的感官，以及有限的数学能力，无论如何都无法对这个世界进行完美的分析、理解，以及预测。我们无论是观察一个在物理意义上随机衰变的铀原子，还是用先进的测量技术和精密的计算机对轮盘赌博进行研究，都不会让巧合之于我们有所改变。对我们来说，这两个系统都是以完全相似的方式随机运转的。

我们还发现，我们在与巧合打交道时会变得非常怪异。我们会在赌场里挥霍钱财，我们会在巧合事件中寻找范式和规律，我们会把纯粹的幸运和个人的努力搞混。

我们该怎么办呢？我们应该对巧合生气，因为它夺走了我们以自然科学方式对世界进行描述和对未来进行预测的机会？我们应该对巧合感到害怕，因为它经常误导我们做出非理性的举动？我认为，两者都不对。我们应该为巧合感到高兴。巧合是我们的朋友。

因为巧合，我们得以存在

我们今天的存在无论如何都要感谢一系列超大型巧合事件。只有无论如何都不可能发生的事情发生了，我们的存在才成了可能。为此，必须有一颗大小适中的恒星诞生于之前超新星爆炸中留有足够多重元素的地方。于是，在一片悬浮着大量物质的混沌中必须形成一颗行星。它的运行轨道必须与恒星保持恰到好处的距离，使其表面的温度保持在一个对生命来说友好的区间。在这颗行星上，在某一刻，必然有一群分子聚到了一起，组成了一种能够进行自我复制的结构。而由此衍生的进化历程必须在几百万年里的每个随机节点都选择了正确的分支。

始祖兽生活在大约100万年前。这是一种带毛的小动物，能够在树木高处的枝干间来回攀爬。它们能够在翼龙接近时冒险一跃从而转危为安。这对你、我来说都是一件幸事：我们正是这一动物的直系后裔。如果这种动物被翼龙吞食殆尽，我们也许就不会在这里了。尽管整体来看，生物进化的历程可能并不会因此发生太大改变，这种动物的灭亡也不会改变人类进化这一事实，但是你和我，现在正在阅读这本书的你和我，有着完全独特基因形态及个性特征的你和我，可能就会不复存在。

我们无数的祖先必然经历了一系列特定的、空前绝后的巧合，才最终产生了"我们"。在可怕的战争中，我们的祖先有幸从箭矢、长剑，以及枪林弹雨中幸存了下来。我们的曾曾曾祖母出于巧合遇到了一个友善的年轻男人，他恰巧成为我们的曾曾曾祖父。他的马恰巧扭伤了腿，他不得不在村庄中度过一夜。没有这一奇特的巧合也就没有今天的我们。代替我们的将是其他人，他们可能也会为他们的存在巧合而感到吃惊。

我们得以拥有生命这一幸事还取决于许多奇特的巧合。宇宙中的各种要素以及它的自然法则看起来如此恰到好处，以至于生命能够得以发展。否则，将会出现一个了无生趣、没有生机存在的宇宙——大概只有射线，不存在任何实物。这个宇宙中，光会毫无阻碍地向各个方向传播，永恒不灭，永远不会被人眼捕捉到。我们还可以想象一个所有基本粒子都带负电荷的宇宙，它们相互排斥，不停地相互远离，永远不会从中诞生出任何有趣的结构。不会有分子，不会有细胞，也不会有生命体的存在。

但我们并不生活在这样的宇宙中。我们的宇宙史惊心动魄。在宇宙大爆炸中，炽热的元素粒子诞生了，形成了一团混乱的原始汤。粒子四处乱飞,因为温度太高所以无法形成有序的结构。随着宇宙的膨胀,物质逐渐冷却。原子形成了,在重力的作用下被吸引到一起,它们相互挤压形成了恒星,成为在冷却、宁静的太空中闪闪发光的炽热的点。

宇宙中能否形成恒星取决于密度。如果宇宙大爆炸产生的滔天烈焰中的物质少了一点儿,重力就会变得太小,不足以把物质压缩成恒星。粒子之间的距离会越来越远,粒子在宽广宇宙中的分布就会越来越稀疏。如果物质多了一点儿,宇宙的总重力就会使整个宇宙在恒星、行星,甚至星系形成之前坍缩。两者都会导致生命的存在成为不可能,但宇宙的密度因为巧合而恰到好处。[21]

除此之外,还有一些其他恰好到处的自然元素,比如碳。碳是在大质量恒星内部通过三个氦核融合产生的,没有这个过程就不会有有机化学。如果电磁力或强核力强一点儿或者弱一点儿,碳的合成过程就不可能发生。[22]

就连我们是生活在一个三维的宇宙中的这个事实也是一件幸运之事。二维的宇宙中可能不会有高阶生物的存在。而在更高维度的宇宙中,行星的轨道则会混乱且不稳定。

宇宙以对生命友好的三维空间形式呈现,对此是否还存在更深层次的原因?为什么自然常数被调整得如此精确,使它们产生了一个丰富的、自然存在的原子,从而让自然界可以用这些原子构建出许许多多令人兴奋的事物?宇宙的密度恰到好处,这是不是一个巨大的宇宙巧合呢?

　　值此深思之时，我打开了收音机。女播音员说道："您现在在收听奥地利第一电台。"她是怎么知道的？她在我刚打开收音机，在我收听这个电台的时候正好对我说出这句话，这是不是也是一个非比寻常的巧合呢？不，这当然不是。如果我不打开收音机，就不会听到这句话，也就不会心生好奇了。出于同样的理由，我们也不该对这些奇妙的巧合感到惊讶，即使正是它们让这个宇宙变得宜居。如果宇宙的属性有所不同，我们根本就不会出现在这儿了。

　　如果有人为宇宙中的自然常量正好不足以产生智慧生物而感到悲伤，那么他和他的宇宙根本就不会存在；如果有人为物质密度不能满足恒星诞生的需求，为重原子不能形成氢原子，或者为他的宇宙只是一个二维宇宙而感到遗憾，那么他和他的宇宙也根本就不会存在。因为在这样的宇宙中不会有人类，也就不会有人生气，不会有人用科学对宇宙加以研究——并不存在"宇宙投诉中心"供人们抱怨自然常量的缺陷。宇宙是浑然天成的。如果它不是现在这副模样，我们也将不复存在。这种想法经常被人称为"人择原理"。世界被塑造成能够诞生出人类的模样。这并不是巧合，就像西伯利亚虎只在西伯利亚出生，不会在3千米之外的海面下出生。对西伯利亚虎来说出生在西伯利亚是一件值得高兴的事情，但它不应对此感到过度惊讶。

　　也许存在许多有不同自然法则的宇宙。也许我们的宇宙也只是由平行现实组成的大泡沫中的一个很小的泡沫。也许存在除了电子之外别无他物的宇宙、一个原子至少重12千克的宇宙，甚至由红色橡胶靴组成的宇宙。非常少见地，在一片原始混沌中存在这样一个宇宙。在这里住着一种无比奇特且能够阅读书籍的碳基生物。

这种想法非常有意思。如果可能存在的宇宙确实存在,我们就没必要考虑为什么恰恰是我们的宇宙如此宜居且友好。因为必然在某个宇宙中会有生命诞生,即便这件事发生的概率微乎其微。

因为我们,巧合得以存在

我们对自己存在的宇宙不太满意,我们想要从其他的宇宙那里得到关于我们为什么存在的解释。从某种角度来说,这种想法极其狂妄且带有强烈的人类中心主义色彩。不过,只要我们高兴,当然可以这样思考。无论如何,对这些问题进行科学验证是不可能的。但是,也许换个角度思考能够有所帮助:并不是巧合让我们存在于此,而是我们创造了"巧合"这一概念。

只有当有人对一件事的主观感受上是巧合的时候,他才会称之为"巧合"。如果宇宙中没有行星也没有生命,"巧合"这个概念也就失去了意义。诚然,混沌理论和量子物理即使在一个没有生机的宇宙中也同样适用:一个放射性原子可能正在某处发生衰变,并可能对几百万年后的两颗恒星的相互撞击产生了影响。但是如果宇宙中没有能够完成"预见"这一行为的人类存在,那么"不可预见性"又有何意义呢?如果没有人能够"预期",那么"期望值"这一概念又有什么意义呢?如果没有人类来区分实际发生的和可能发生的事情,那么"可能性"还有什么意义呢?

巧合意味着一些人们几乎从未见过的事情发生了，并且人们愿意对此侃侃而谈。如果有人在高尔夫球场闭着眼睛只通过一次击打便把球打出了漂亮的弧线并将其送进了洞中，这就是一次令人震惊的巧合。没人能预料到这件事情，而且这种事情发生的概率微乎其微。高尔夫球恰巧落到洞口东北方向12米处的概率同样微小。但并不会有人对这件事情高举双臂，眼里放光地大喊道："你们看到了吗？太巧了！正好12米！"巧合往往和个人的视角有关，它是一种与我们的预期、担忧和希望无法分割开来的概念。

除此之外，巧合也是那些在我们的世界里难以追问且无法解释的事物的代名词。如果我们将某件事称为巧合，就没必要再去挖掘它。也许这是因为我们的基本自然法则无法给予我们追寻原因的能力，比如不可预知的量子衰变；也许这是因为我们缺乏必要的信息；也许这只是因为我们太过懒惰，懒于思考。其实，原因不重要。为什么我们能够连续3次骰出6点？为什么我上周阅读的图书的第6页标题之下正好有个小黑点？我不知道，我无从得知，因此我将其称为巧合。

我们热衷于寻找原因，这也是我们的长处。就连小孩子也想知道，为什么月亮看上去并不总是一样的？为什么雪人会在春天融化？为什么人们不应该吃毛毛虫？通过追根究底，我们成为太阳系的统领性物种，还是通过追根究底，我们创造了科学与技术。我们绝不应该停止追问。然而，如果我们不想再对事物的原因无限倒逼，不想对每个答案抛出更深层次的追问，就不得不在某个节点停止——至少是暂停。这时，我们就会将那些无法证明原因的事物称为巧合。

宇宙是巧合吗?

巧合并不是我们宇宙的特性,而是我们脑海里的一种范畴。巧合意味着我们无法理解这个世界。如果有朝一日我们真的理解了它,一切就会显得无趣。巧合意味着我们即使面对一团看不清的谜团也可以对明媚的未来进行展望。巧合意味着令人震惊的奇迹无时无刻不在发生。正是因为巧合,宇宙才妙不可言。也可以说,正是我们创造了巧合的概念,才让宇宙变得妙不可言。如果没有能够感到奇妙的人类的存在,宇宙的妙不可言又有谁知道呢?

尾注

1 检察官会犯检察官谬误，辩护律师也会犯这种错误。假设在犯罪现场发现了与嫌疑人匹配的DNA，专家解释，巧合的概率为百万分之一。这听起来似乎已经可以盖棺论定了，但辩护律师曲解其意："地球上生活着数十亿人，有成千上万人的DNA恰巧与发现的样本吻合。被告只是其中之一。因此，他是罪犯的可能性非常低。"这当然是无稽之谈。毕竟除了DNA检测之外还有其他不利于被告的证据。大多数DNA与证据相符的其他人都住在距离案发地很远的地方，从未与受害人接触。他们绝对没有嫌疑。因此，DNA检测结果匹配即使不是100%准确，也是重要证据。

2 当然，我们不能将所有学术争端的责任归咎于牛顿，他的对手并不都是礼貌克制的绅士。为了捍卫自己的科学事业，站在学术研究的顶峰，科学家必须有昂扬的斗志和顽强的精神。时至今日，这种情况依旧没有改变。诚然，科学关乎真善美，关乎人类进步和认知提升。但是，在实现这一目标的道路上，人们并不看重高尚的道德，常见的是科研大军互相"践踏"，都希望获得更多的研究经费、世界性认可和突破性成果。科学是美好的，但科学产业无疑有其丑陋的一面。

3 解决二体问题很简单，三体问题则不然。这是几乎所有学过经典力学的人眼中不争的事实，因为这是课堂上教授的内容。但事实并非如此。其实，三体问题已经有了解决方案，它甚至可以扩展至解决任何数量物体之间的相互影响。它由芬兰数学家卡尔·桑德曼（Karl Sundman）在1912年提出，我们称之为"幂级数解"。1991年，中国数学家汪秋栋将其推广至 n 体。遗憾的是，这并没有实际用处，因为与从系统的当前状态出发，通过无限多、无限小的步骤推导出一个未来状态相比，计算一个无穷级数的结果也绝非易事。但相关基础讲座对这些成就只字不提，这并不公平。

4 打台球时是否产生混沌取决于台球桌的形状。如果一个矩形台球桌上滚动着一颗台球，那么这非但不是一个混沌系统，反而是规则系统一个很好的例子。为简单起见，让我们忽略孔洞且不计摩擦力，台球就会永远以恒定的速度滚动，来回撞击台球桌壁。如果你在相似的初始条件下再次撞击台球，它的运动轨迹和前一次会非常相似。如果你感兴趣，也可以选择不同形状的台球桌，比如圆形，那么台球在桌上的运动轨迹依旧不会变得混乱，并且容易预测。但如果我们把矩形和圆形的台球桌结合起来，在矩形相对的边上各粘一个半圆，就做出了一个体育场形状的台球桌。击球后，我们就会难以判断台球被桌壁反射后会向哪个方向移动。此外，如果台球桌上有多个台球，那么即使是矩形台球桌，混沌也会出现：一个台球会随机与旁边的其他台球碰撞。在这种情况下，虽然最后的结果在很大程度上依然取决于初始条件，但任何长期的预测都变得不现实。

5 你如果仔细观察，就会发现左、右之间还是存在物理差异的。引力、电磁力和在原子核中起决定性作用的强相互作用力都是恒定不变的。这意味着这些力在镜像宇宙中会产生完全相同的效果。镜像电子与普通电子行为完全相同。即使我们的地球反向围绕太阳旋转，它也会以相同的方式遵守万有引力定律。然而，自然界中还有一种力，即弱相互作用力，它不遵守这一规律。20世纪50年代，美籍华裔物理学家吴健雄成功地证明了钴原子放射性衰变的不对称性。可诺贝尔奖没有颁给她，而是颁给了她的同事，这至今仍被认为是诺贝尔奖史上最具争议的颁奖之一。然而，与时间轴的不对称性相比，弱相互作用力对守恒的破坏作用无足轻重。

6 这并不是对议员们窒息而亡概率的精准计算。我们还必须假定粒子以特定的速度和方向飞行，导致它们会在天花板附近停留一段时间，而不会立即向下移动。另外，并非只有所有粒子都聚集在天花板附近时，才会造成议员们的悲剧；只要有足够多的粒子向上移动，就足以引起大厅下方气压降低，议员们很快就会感到呼吸急促。

7 准确地说，熵是一个系统（或一个宏观状态）可以呈现的微观状态数量的对数。玻尔兹曼无意用对数这个复杂的数学运算函数惹恼人们——对数确有其用。如果把两个可以呈现不同状态的系统合并成一个大系统，这两个系统的熵加起来应该可以得出一个总熵。如果我们的一只手里有2枚硬币，每一枚硬币都可以正面朝上或反面朝上，就有4种可能的组合。如果我们的另一只手里有3枚硬币，就有8种可能的组合。如果我们把5枚硬币组合起来，就会得到4×8，即32种可能。使用对数的话，计算就变得简单了，只需进行简单的加法就可以得到结果：4的对数加8的对数就是32的对数。这个算法很实用，能让我们用处理重量或能量的方法来处理两个子系统的熵——只要相加就可以合并。

8 热力学的其他定律也不复杂。著名的热力学第一定律规定了在封闭系统中的能量必须始终保持不变。因此，能量既不能被创造，也不能被毁灭。热力学第三定律指出，绝对零度不可能达到。

9 熵通常被描述为一个系统的"无序度量"。有些人认为这种描述简洁明了、很有帮助；还有些人觉得它是可怕的错误，并且令人困惑。实际情况也许介于两者之间。问题可能在于，"无序"本身就是一个让人混乱的词。我的办公桌可能看起来很乱，但我很清楚应该去哪里找演讲稿，在哪里可以找到巧克力。我还知道有咖啡渍的那张纸是我的报税清单。秩序总是有点儿主观的，是难以被定义的。但熵是一个物理量，它可以用数字清晰地、科学地呈现出来。我的鸡尾酒杯中漂浮着几块碎冰，现在看起来有些乱；当冰块融化后，杯子里看起来整洁多了，但熵增加了。因为杯中自由移动的水分子数量增加了，它们能呈现的状态的数量也增加了。要想对熵有一个直观的感受，我们也许可以把它看作是对能量"有用"或"无用"的度量。能量存在的形式迥异，比如电池有化学能，超声速飞机有动能，炒锅有热能。然而，不同形式的能量对应不同数值的熵。打开电暖器让卧室温度升高，这个系统的总能量保持不变，只是电能转化成了热能，但熵增加了，所以我无法再用这些能量做其他的事。而且这个过程是不可逆的。卧室不会简单地靠降温就产生电能。这也是为什么机器通常无法达到最优能效。例如，要想用热力发电厂的锅炉的热量发电，就会遇到一个问题：热的锅炉有大量能量，同时熵也很高。如果想要将热能转化为电能（电能的熵极低），就必须设法消除这些恼人的熵——可以通过向环境释放热量来实现。冷却塔中的一部分热能会被排到塔外，整体的熵还是增加了。

10 色素粒子可以以不同的速度出现在红色液滴的不同位置，水分子也是如此。当液滴滴入水杯中时，系统的总熵是液滴的熵和水杯的熵的和。然后，情况就变了：进入水杯中后，色素粒子有更多的机会四散开来，并且就统计结果来看，它们也确实分散到水杯的各处。

11 虽然这个概念被叫作"热寂"，但它和我们想象中舒适的温度没有关系。用"大冻结"来描述可能更准确。根据这个模型，宇宙将持续膨胀，其温度会越来越接近绝对零度。

12 这个论点被称为"奥卡姆剃刀"：如果两种不同的理论都能解释你的观察结果，你一时无法确定哪种理论是正确的，那么你应该倾向于选择更简单的那个。如果我听到外面有马蹄声，那么它很可能是马，而不是斑马。两者都有可能，马的理论没那么复杂。但是，多世界诠释就没这么简单了。其实这里也能看出，哪种理论更简单往往取决于你的偏好。在平行宇宙存在与否的争论中，正反双方都可以用奥卡姆剃刀进行论证。一方面，反对者有理有据地说："只是为了解释我们的世界就凭空想象出整个宇宙，这极度违背了简单性原则。"另一方面，支持者也能逻辑正确地指出："从数学和逻辑的角度来看，平行宇宙的理论是非常简单的；它也许会产生各种令人困惑的平行现实，但不影响其基本原理的简单性：不需要为哪些可能性成为现实做决定，所有可能性都同等。"因此，哪个理论更简单，是我们自行决定的。

13 能在量子自杀中长期存活的人肯定会支持多世界诠释。唯一的问题在于，幸存者无法将自己的确定性传达给其他人。毕竟，所有见证者都生活在一个量子自杀实验对象已经死亡的宇宙中。只有幸存者拥有生存的确定性——他在这个过程中杀死了自己的大量副本。

14 其他的死亡事件也可能是由量子物理触发的。例如，薛定谔的猫在测量后活着跳出盒子，愤怒地跑到街上，吓到了汽车司机，引起一场致命的交通事故。这也可视作量子随机性的结果。根据多世界诠释，一定存在一个平行宇宙，在那里猫咪死在了盒子里，汽车司机安然无恙。

15 在数学层面上，量子物理学与其他物理理论（如电学或经典力学）没有明显区别。要想解释一个物体，就可以使用数学方法描述它的特征，然后可以用一些数学方程来预测它将来的行为。薛定谔方程能够完美描述量子粒子的状态，它能精确地预测量子粒子的状态。你可以写下关于原子、分子或更大的量子系统的波函数，然后用薛定谔方程精确计算出该系统处于哪种状态。计算结果在数学上是明确无误的，不具有随机性。它可以是不同状态的叠加，但叠加的类型从一开始就是确定的。从这个意义上说，量子物理学也属于决定论的范畴。

16 卵细胞和精子是通过减数分裂生成的，这是一种特殊的细胞分裂方式。卵细胞和精子都来源于原始生殖细胞，里面包含一个人的全部23对染色体。首先，每一对染色体中的两条染色体彼此分开，原始生殖细胞分裂成两个子细胞。然后子细胞再进行分裂，最终形成卵细胞或精子。这样每个卵细胞或精子都只获得每对染色体的其中一条。因此，此时除了每个我们从父亲那里继承得来的染色体之外，还有一支我们没有从父亲那里继承到的配对染色体，它出于巧合被其他的精子吸收了。

17 虽然四重累积奖池的押注量会比平常更多，奖金被分享的概率也会增大，但由于前几轮积累的额外奖金，每注的奖金仍然比普通轮次高。在多重累积奖池的轮次中，奖金期望值甚至有可能大于一张彩票的售价。在这种情况下，一直严格理性地根据期望值行事的人一定要购买一张彩票——一般而言，他们获得的会比投入的更多。尽管如此，乐透公司也不会因此而亏损：这个"慷慨"的累计奖金毕竟是由之前轮次没有中得头奖的参与者支付的。

18 反过来，当然也有可能是我们没有购买彩票阻止了我们的号码被选中。如果我们买了彩票，就会对宇宙中的粒子和力量产生影响，从而使我们选择的号码被机器选中。这也是有可能的。但我们永远不可能知晓这一点。因此，我们根本不必感到遗憾。

19 对公司高层管理者来说，对成功的依赖有时会产生相当令人不快的后果：经济学家德克·詹特（Dirk Jenter）和法蒂·坎南（Fadi Kanaan）证明，经常有公司高层管理者被解雇的情况，尽管他们没有犯下错误。那些与他们有关的糟糕的企业数据通常可以简单地解释为整体经济形势走衰，与个人毫无关系。

20 约翰·罗尔斯在他的《正义论》中提出这个思想实验的方式略有不同。他没有谈及社会规范重置后，我们的社会属性和在社会中的地位将会随机地被重新设定。相反，他只是提出在社会规范重置时将"遗忘之幕"投下。但无论是哪种情况，关键都是根据客观标准制定规则和法律，而不知道将来自己将如何受其影响。在重设过程中是否忘记自己是谁，之后是否真的会变成另一个人，对核心论点并不重要。

21 在现代宇宙学中，这个问题的表述方式与这本书中略有不同。关于宇宙的临界密度的问题必须与宇宙的诞生联系在一起。自20世纪80年代以来，人们普遍认为存在一种"宇宙膨胀"现象：在大爆炸后的头几秒内，宇宙可能完成了极其迅速的膨胀过程。这个理论有助于解释临界密度的问题。然而在这个理论中，我们需要一个"宇宙常量"，它的值为多少是首先要解决的问题。宇宙膨胀理论无法进一步解释我们的宇宙为何如此构建，从而能够产生"我们"。然而，在未来，该理论完全有可能会解释清为什么宇宙常量会是这一指定的值。如果这成为现实，世界将不会存在巧合。

22 自然常量的微小变化是否会导致生命变得不可能？很难说。也许存在着我们迄今为止尚未理解的自然常量之间的必然联系。也许强一点儿的核力必然会带来其他常量的变化？也许在恒星内部会发生我们从未考虑过的完全不同的过程？也许整个化学体系都会完全不同，碳对生命的产生不再起作用？也许以其他元素为基础的生命会蓬勃发展？这样的思考无疑令人兴奋，但是现在物理学还远没有发展到能够计算出可能存在的其他宇宙的特性，以及其中的某些自然定律和常数与我们这里有哪些不同。但进行一些富有想象力的推测是完全可以的。

参考文献

我们不善于辨认巧合

Jung, Carl; Synchronicity: *An Acausal Connecting Principle;* Princeton University Press (1973).

De Mirecourt, Eugene: *Émile Deschamps;* Gustave Havard (1857).

Bethe, Hans: Begegnungen mit Wolfgang Pauli, in: Wolfgang Pauli und die moderne Physik; *Katalog zur Sonderausstellung der ETHBibliothek* (2000).

Pauli, Wolfgang: *Wissenschaftlicher Briefwechsel mit Bohr, Einstein, Heisenberg, u.a.,* Springer (1996).

Enz, Charles P.: *No Time to be Brief: A Scientific Biography of Wolfgang Pauli;* Oxford University Press (2002).

Hill, Ray: Multiple sudden infant deaths – coincidence or beyond coincidence?. *Paediatric and Perinatal Epidemiology,* 18 (2004).

Vennemann, M., Fischer, D., Findeisen, M.: Kindstodindzidenz im internationalen Vergleich, *Monatsschrift Kinderheilkunde,* 151(5) (2003).

世界是个钟表

Diaconis, P., Holmes, S., Montgomery, R.: Dynamical Bias in the Coin Toss, *SIAM Review,* 49(2) (2007).

Wigner, Eugene: The Unreasonable Effectiveness of Mathematics in the Natural Sciences; *Communications on Pure and Applied Mathematics,* 13(1) (1960).

Tegmark, Max: *Our Mathematical Universe;* Knopf (2014).

Hirschberger, Johannes: *Geschichte der Philosophie;* Komet (1949).

Bertsch McGrayne, Sharon: Die Theorie, die nicht sterben wollte; Springer Spektrum (2013).

Laplace, Pierre-Simon: *Essai philosophiques sur les probabilités;* Courcier (1814)

蝴蝶是无辜的

Gleick, James: Chaos: Making a New Science; Viking Books (1987). Hayes, Wayne B.: Is the outer Solar System chaotic?; *Nature Physics,* 3 (2007).

Carlson J., Jaffe A., Wiles A. (Hg.): *The Millennium Prize Problems;* American Mathematical Society and Clay Mathematics Institute (2006).

Diacu, Florin: The Solution of the n-body Problem, *Math. Intelligencer,* 18(3) (1996).

Sundman, Karl F.: Mémoire sur le problème des trois corps; *Acta Mathematica,* 36(1) (1913).

Wang, Qiudong: The global solution of the n-body problem, *Celestial Mechanics & Dynamical Astronomy,* 50(1) (1991).

Matsumoto, T.: A Chaotic Attractor from Chua's Circuit; *IEEE Transactions on Circuits & Systems,* CAS-31(12) (1984).

Sussman, Gerald J., Wisdom, Jack: Numerical Evidence that the Motion of Pluto is Chaotic; *Science* 241 (1988).

Laskar, J., Gastineau, M.: Existence of collisional trajectories of Mercury, Mars and Venus with the Earth; *Nature,*

459 (2009).

Charpentier, Eric: The Scientific Legacy of Poincare; *American Mathematical Society* (2010).

Szpiro, George G.: *Poincare's Prize: The Hundred-Year Quest to Solve One of Math's Greatest Puzzles;* Dutton (2007).

Berry, M. V.: Regular and Irregular Motion; Topics in Nonlinear Mechanics, ed. S Jorna, Am.Inst.Ph.Conf.Proc. 46 (1978).

Stöckmann, Hans-Jürgen: *Quantum Chaos: An Introduction;* Cambridge University Press (2006).

最后的赢家是无序

Heller, K. D.: Ernst Mach: *Wegbereiter der Modernen Physik;* Springer (1964).

Lambert, Frank L.: Disorder—A Cracked Crutch for Supporting Entropy Discussions; *Journal of Chemical Education,* 79(2) (2002).

Lukrez: *De Rerum Natura,* V. 180-181.

Albrecht, A., Sorbo, L.: Can the universe afford inflation?, arXiv:hepth/0405270 (2004).

Carroll, Sean: *From Eternity to Here: The Quest for the Ultimate Theory of Time;* Dutton (2010).

量子的味道就像鸡肉

Burbidge, E. M., Burbidge, G. R., Fowler, W. A., Hoyle, F.: Synthesis of the Elements in Stars; *Reviews of Modern Physics,* 29 (1957).

Schrödinger, Erwin: Die gegenwärtige Situation in der Quantenmechanik; *die Naturwissenschaften* 23 (1935).

Arndt, M., Hornberger, K.; Testing the limits of quantum mechanical superpositions: *Nature Physics* 10 (2014).

Einstein, A., Podolsky, B., Rosen, N.: Can Quantum-Mechanical Description of Physical Reality Be Considered Complete?; *Physical Review* 47 (1935).

Gröblacher, Simon et al.: An experimental test of non-local realism; *Nature,* 446 (2007).

Mermin, David: What's wrong with this pillow?; *Physics Today* (1989).

Everett H.: „Relative State Formulation of Quantum Mechanics, *Reviews of Modern Physics* 29(3) (1957).

Von Weizsäcker, Carl-Friedrich: *Aufbau der Physik;* Hanser (1985).

Moravec, Hans: *Mind Children;* Harvard University Press (1988).

Tegmark, Max: The Interpretation of Quantum Mechanics: Many Worlds or Many Words?; arXiv:quant-ph/9709032 (1997).

现在怎么办，巧合或注定？

Penrose, Roger: *The Emperor's New Mind;* Oxford University Press (1989).

Penrose, R., Hameroff, S.: Consciousness in the Universe: Neuroscience, Quantum Space-Time Geometry and Orch OR Theory; *Journal of Cosmology,* 14 (2011).

Reimers, Jeffrey, et al.: Weak, strong, and coherent regimes of Fröhlich condensation and their applications to terahertz medicine and quantum consciousness, *PNAS* 106(11) (2009).

基因彩票

Zrzavý, Jan, et al.: *Evolution;* Springer (2009).

Darwin, Charles: *On the Origin of Species;* John Murray (1859).

Axelrod, Robert: *The Evolution of Cooperation;* Basic Books (1984).

Dawkins, Richard: *The Selfish Gene,* Oxford University Press (1976).

Crick, Francis H. C.: The Origin of the Genetic Code; *Journal of Molecular Biology,* 38 (1968).

Gould, Stephen J.: *Wonderful Life;* W W Norton & Co (1989).

Conway Morris, Simon: *The Crucible of Creation;* Oxford University Press (1998).

Losos, Jonathan B., et al.: Contingency and Determinism in Replicated Adaptive Radiations of Island Lizards, *Science,* 279 (1998).

Lenski, Richard E.: Evolution in Action: a 50,000-Generation Salute to Charles Darwin; *Microbe* 6(1) (2011).

Smil, Vaclav: *The Earth's Biosphere;* MIT-Press (2002).

宇宙是巧合吗?

Ambrose, Stanley H.: Late Pleistocene human population bottlenecks, volcanic winter, and differentiation of modern humans; *Journal of Human Evolution,* 34 (1998).

Rampino, M. R.; Self, S.: Volcanic winter and accelerated glaciation following the Toba super-eruption; *Nature,* 359 (1992).

Robock, A., et al.: Did the Toba volcanic eruption of ~74 ka B.P. produce widespread glaciation?; *Journal of Geophysical Research ,* 114 (2009).

Dobzhansky, Theodosius: Nothing in Biology Makes Sense except in the Light of Evolution; *The American Biology Teacher* (1973).

Hoyle, Fred: *The Intelligent Universe;* Holt, Rinehart and Winston (1983).

存在于头脑中的巧合

Gmelch, George: Superstition and Ritual in American Baseball; *Elysian Fields Quarterly* 11(3) (1992).

Ono, Koichi: Superstitious behavior in humans; *Journal of the Experimental Analysis of Behaviour* 47(3) (1987).

Skinner, Burrhus F.: Superstition in the Pigeon; *Journal of Experimental Psychology,* 38 (1948).

Krämer, W., Mackenthun, Gerald: *Die Panik-Macher;* Piper (2001).

Mossman, B. T.: Asbestos: Scientific Developments and Implications for Public Policy; *Science,* 247 (1990).

Gigerenzer, Gerd; Risk Savvy: *How to Make Good Decisions;* Penguin Books (2013).

Gigerenzer, G., Gaissmaier, W.: Ironie des Terrors; *Gehirn&Geist,* 9 (2006).

Dahlberg, L. L., Ikeda, R. M., Kresnow, M.: Guns in the Home and Risk of a Violent Death in the Home: Findings from a National Study; *American Journal of Epidemiology,* 160(10) (2004).

Schulz, M-A, et al.: Analysing Humanly Generated Random Number Sequences: A Pattern-Based Approach; PLoS ONE 7(7) (2012).

Figurska, M., Stanczyk, M., Kulesza, K.: Humans cannot consciously generate random numbers sequences: Polemic study; *Medical Hypotheses,* 70 (2008).

关于赌博：玩家绝不是赢家

Bass, Thomas A.: *The Eudaemonic Pie;* Houghton Mifflin (1985).

Kolmogorov, Andrei N.: Three Approaches to the Quantitative Definition of Information; *Problems of Information Transmission,* 1(1) (1965).

Martin, Robert: The St. Petersburg Paradox; *The Stanford Encyclopedia of Philosophy* (2004).

因巧合而生病，因巧合而健康

Semmelweis, Ignaz P.: *Die Ätiologie, der Begriff und die Prophylaxe des Kindbettfiebers;* C. A. Hartleben's Verlags-Expedition (1861).

Carter, K. C., Carter, B. R.: *Childbed Fever: A Scientific Biography of Ignaz Semmelweis;* Greenwood Press (1994).

Dormandy, Thomas: *Four Creators of Modern Medicine: Moments of Truth;* Wiley (2003).

Zankl, Heinrich: *Kampfhähne der Wissenschaft: Kontroversen und Feindschaften;* Wiley-VCH (2012).

Cochrane, A. L.: *Effectiveness and Efficiency: Random Reflections on Health Services;* Nuffield Provincial Hospitals Trust (1972).

Parapia, Liakat A.: History of bloodletting by phlebotomy; *British Journal of Haematology,* 143 (2008).

Goldacre, Ben: *Bad Science;* Fourth Estate (2008).

Sagan, Carl: *The Demon-Haunted World: Science as a Candle in the Dark;* Random House (1995).

恰巧生效的魔法

Kelsey, Eric: *Don't Mess with the Octopus: Oracle Paul Celebrates Perfect World Cup Record;* Spiegel Online International, 12. Juli 2010.

Shermer, Michael (Hg.): The Skeptic Encyclopedia of Pseudoscience: Volume One; ABC-CLIO (2002).

Randi, James: *The Truth about Uri Geller;* Prometheus Books (1982).

Jeffers, Stanley: The PEAR Proposition: Fact or Fallacy?; *Skeptical Inquirer,* 30.3 (2006).

Pigliucci, Massimo: *Nonsense on Stilts: How to Tell Science from Bunk;* University of Chicago Press (2010).

幸运的成功者

Piff, Paul: Does Money Make You Mean?; TEDxMarin, www.ted.com/ talks/paul_piff_does_money_make_you_ mean (2013).

Piff, Paul: Higher social class predicts increased unethical behavior; *PNAS,* 109(11) (2012).

Fitza, Markus A.: The use of variance decomposition in the investigation of CEO effects: How large must the CEO effect be to rule out chance?; *Strategic Management Journal,* 35 (2013).

Jenter, D., Kanaan, F.: CEO Turnover and Relative Performance Evaluation; *The Journal of Finance,* 70 (2014).

Shermer Michael: Surviving statistics: How the survivor bias distorts reality; *Scientific American,* 311(3) (2014).

Mangel, M., Samaniego, F. C.: Abraham Wald's Work on Aircraft Survivability; *Journal of the American Statistical Association,* 79 (386) (1984).

Levitt, Steven D., Dubner, Stephen J.: *Freakonomics;* William Morrow (2005).

Rawls, John: *A Theory of Justice;* Harvard University Press (1999).

巧合是我们的朋友

Ji, Q., et al.: The earliest known eutherian mammal; *Nature* 416 (2002).

Guth, Alan H.: Inflationary universe: A possible solution to the horizon and flatness problems; *Physical Review* D, 23(2) (1981).

Weinberg, Steven: Anthropic Bond on the Cosmological Constant; *Physical Review Letters,* 59(22); (1987).

Oberhummer, H., Csótó, A., Schlattl, H.: Stellar Production Rates of Carbon and Its Abundance in the Universe; *Science,* 289 (2000).

致谢

和进行科学研究一样，在创作过程中能够获得一群聪明人的助力非常重要。由衷感谢阿图尔·戈尔切夫斯基（Artur Golczewski）、贝恩德·哈德尔（Bernd Harder）、恩斯特·艾格纳（Ernst Aigner）、伊芙丽娜·埃尔拉赫（Evelina Erlacher）、伊娃·荣格-布热奇诺娃（Iva Hunger-Březinová）、卡塔丽娜·辛格尔（Katarina Singer）、马丁·马纳尔（Martin Mahner）、马丁·莫德尔（Martin Moder）、蕾娜特·帕祖瑞克（Renate Pazourek）、特雷莎·普罗潘特（Teresa Profanter）、沃夫冈·施泰纳（Wolfgang Steiner）以及许多其他人。感谢他们对本书的讨论和评价，并帮助我挖掘出许多新想法。